決定版！
一瞬で暗算する！
インド式かんたん計算法

水野 純

三笠書房

インド式計算法で最速に頭が磨かれる理由！

楽しいドリルで、
不思議なほど脳がさえわたるよ！

① 勉強力 が高まる！

◆「勉強＝楽しい！」という

イメージが生まれるので、

勉強が好きになります！

② 記憶力 が高まる！

◆一度覚えたら脳に定着し

やすくなるので、なかな

か忘れにくくなります！

③ **デジタル力** が高まる！

◆楽しいドリルで、計算が好きになるので、デジタル感覚が身につきます！

④ **算数力** が高まる！

◆数字センスが磨かれるので、算数が大好きになって得意分野になります！

⑤ **集中力** が高まる！

◆暗算が得意になるので、イメージ力が強化され、右脳が活性化されます！

はじめに

おもしろい！　役に立つ！
「インド式計算法」の決定版で
記憶力から勉強力まで、一気にUP！

　この本は、**人気の大ベストセラー『インド式かんたん計算法』**シリーズの決定版になります。

　これまでのシリーズの中から、「おもしろい！」「計算が好きになった！」「頭がよくなる！」「役に立つ！」と、読者の方から人気のあった計算法をぜんぶ集めて、1冊にまとめた本です。**どの計算法も、計算や算数が苦手な人でも、楽しめる**ものばかり。魔法のように楽しい「2ケタのかけ算」は、「3ケタ」を含めて、**たっぷりと12個も紹介**しています。また、毎日の買い物など、ちょっとした暗算をするときにすごく役立つ「インド式たし算」「インド式ひき算」も、わかりやすく説明しています。

　子どもはもちろんのこと、大人からシニアの方まで、この本のドリルを楽しみながら、**ページをめくっているうちに、数字力や算数力を高められる**はずです。明日から、誰よりも速く暗算ができるようになるので、まわりの人たちから驚かれるかもしれません。誰もが自然と頭が磨かれて、「最強の脳」になるはずです。

　それこそが**「インド式計算法」のすごいパワー**なのです。

　「インド式計算法」は、子どもなら、計算力が高まるので、**学校**

の成績も伸びるでしょう。大人なら、論理力が磨かれるので、仕事の質と量が高まるはずです。シニアの方なら、記憶力が鍛えられるので、もの忘れ防止につながるかもしれません。

　インドの人たちは、数字の「0」を発明するなど、高い数字能力、数学能力を持っていることで知られています。それは、インドの人たちが、「インド式計算法」を知っているからだとも言われています。そのすごいパワーを知っているからこそ、高い数字能力や数学能力が求められる、世界クラスのIT企業や金融企業で、今、インドの人たちが大活躍しているとも言えるでしょう。

　たとえば「75^2」といった2乗の計算を、「インド式計算法」で暗算してみましょう。

　まずは「十の位の数」と「十の位の数に1をたした数」をかけます。「7×8」ですから、「56」になりますね。次に「一の位の数」どうしをかけます。「5×5」ですから「25」。この「25」を、さきほどの「56」のとなりに並べると、「5625」になります。

　この「5625」が、2乗の計算「75^2」の答えなのです。

　このように「インド式計算法」を使うと、「75^2」など、一の位の数が「5」の2乗の計算が、一瞬で、暗算で解けるのです。

　この本では、このように不思議でおもしろいだけでなく、役に立つ「インド式計算法」をすべて集めてみました。どうぞ最後のページまでワクワク・ドキドキしながら、楽しんで頭を磨いてください！

もくじ

インド式計算法で
最速に頭が磨かれる理由！ ………………………………… 2

はじめに ………………………………………………………… 4

本書の使い方 …………………………………………………… 10

1章　インド式かんたん たし算

スキル①　「56 + 38」「18 + 29」……
2ケタのたし算も、一瞬で解ける！ ……………………… 12

2章　インド式かんたん ひき算

スキル②　「65 − 27」「52 − 19」……
2ケタのひき算も、楽しく解ける！ ……………………… 22

コラム①　おつりの金額がすぐわかる
この「ひき算」も便利！ …………………………………… 32

3章 インド式かんたん かけ算【基本編】

スキル③ 19までの2ケタ×2ケタのかけ算
「2ケタの九九」も、スラスラできる！ 36

スキル④ 「74×76」…大きな数の2ケタかけ算
まず「十の位の数」を見てみよう！ 42

スキル⑤ 「29×89」…まだある！魔法のかけ算
まず「一の位の数」を見てみよう！ 48

スキル⑥ 「9」が続くと、必ず奇跡が起こる!?
99のかけ算…「99×98」を一瞬で解く 54

スキル⑦ 「999×723」をすぐ解く、すごいコツ
「3ケタのかけ算」も、スラスラできる！ 60

コラム② まだまだ続く！魔法の数字「9」
「4ケタのかけ算」に挑戦！ 66

4章 インド式かんたん かけ算【中級編】

スキル⑧ 11の謎…「34×11」が暗算できるワケ
頭が磨かれる「11のかけ算」に挑戦！ 70

スキル⑨ 「3ケタ×11」で頭の回転が速くなる
「11のかけ算」は、3ケタもかんたん！ 76

スキル⑩ 2ケタかけ算「魔法のスキル」とは？
「100」を使うと、かけ算はすぐ解ける ……………………… 82

スキル⑪ 「102 × 104」も魔法のスキルなら一瞬
「100」を使うと、かけ算はすぐ解ける ……………………… 88

コラム③ 謎の数「11」のさらなる謎！
「4ケタのかけ算」で頭を磨く！ ……………………………… 94

5章 インド式かんたん かけ算【応用編】

スキル⑫ 「50」「30」「60」に注意！
斜めにたすという「すごいテクニック」 ……………………… 98

スキル⑬ 「75²」「135²」…2乗の計算
インド式なら一瞬で解ける！ ………………………………… 106

スキル⑭ 「136 × 134」…似ている数のかけ算
3ケタでも、すごくかんたん！ ……………………………… 114

6章 インド式かんたん「まとめテスト」

インド式たし算・ひき算〈スキル①〉・〈スキル②〉
「計算力」どこまでついたかな？ …………………………… 122

インド式 かけ算〈スキル③〉・〈スキル④〉
「計算力」どこまでついたかな？ 125

インド式 かけ算〈スキル⑤〉・〈スキル⑥〉
「計算力」どこまでついたかな？ 128

インド式 かけ算〈スキル⑦〉・〈スキル⑧〉
「計算力」どこまでついたかな？ 131

インド式 かけ算〈スキル⑨〉・〈スキル⑩〉
「計算力」どこまでついたかな？ 134

インド式 かけ算〈スキル⑪〉・〈スキル⑫〉
「計算力」どこまでついたかな？ 137

インド式 かけ算〈スキル⑬〉・〈スキル⑭〉
「計算力」どこまでついたかな？ 140

インド式 かんたん計算法〈スキル①〉～〈スキル⑭〉
「計算力」を最後にさらにUP！ 143

解答 146

編集協力　　株式会社エディット
本文DTP　　株式会社千里

本書の使い方

計算が苦手な人でも、すぐできる！

①この本は、「インド式計算法」の**とてもかんたんな入門書**です。むずかしい本ではないので、安心してください。
②計算が苦手な人、算数が好きでない人でも、楽しめるように、**できるだけわかりやすく説明**してあります。
③「インド式計算法」は、ふつうの計算とはちがって、魔法のような魅力があるので、ページをめくっているうちに、**計算や算数が大好きになっている**かもしれません。

書き込むと、頭がよくなるよ！

①この本は、**反復式のドリル**になっています。まずは、しっかりと数を書き込みましょう。
②本に直接、書き込んでもいいですし、**本をコピーして、そのコピーに書き込んでもいい**です。
③大事なことは、えんぴつを使って書き込むこと。**書き込むことで、脳が活性化**され、「インド式計算法」が身につき、頭もよくなります！

「インド式たし算」から、はじめよう！

① 「インド式計算法」は２ケタ×２ケタのかけ算が有名ですが、この本は、「インド式たし算」からはじまります。
② 「インド式たし算」も魔法のような計算法ですが、「インド式かけ算」にくらべると、わかりやすいので、頭の準備体操にぴったりなのです。
③ 「たし算」「ひき算」を解いて、頭が十分にやわらかくなったところで、「かけ算」にチャレンジしましょう！

ステップで覚えるのが、「インド式」！

① 「インド式計算法」は、２つ、もしくは３つのステップで覚えるのが基本です。ステップで覚えると、計算法がとてもかんたんに身につきます。
② まずは「ステップ１」で頭の準備体操をします。そして次のステップに進みます。３ケタ×３ケタのかけ算までが、３つのステップだけで、かんたんに解けるのですから、頭がワクワクするはずです！

1章　インド式かんたん たし算

スキル①　「56＋38」「18＋29」……
2ケタのたし算も、一瞬で解ける！

　まずは、たし算からはじめましょう。
　「56＋38」や「18＋29」のような2ケタのたし算を、一瞬で解いてみましょう。
　くり上がりがあるたし算も「インド式たし算」を使えば、かんたんにできます。
　「インド式たし算」では、「キリのよい数」や「補数」というものを使って計算します。そうすれば、驚くほどかんたんに答えが出るからです。

● 「キリのよい数」？「補数」？
　「キリのよい数」とは、10、20、30、40、……のような、一の位が0になる数のことです。
　また、ある数を「キリのよい数」にするための数を「補数」といいます。

キリのよい数を見つけることが大切だ！

◎ 「9」を「キリのよい数」にしてみましょう。
　9に1をたすと10になり、一の位が0になりますね。
　このことから、「9」を「キリのよい数」にすると「10」であり、「9」を「キリのよい数」である「10」にするためにたした「1」が「補数」となります。

2ケタの数でも同じように考えます。

◎ 「38」を「キリのよい数」にしてみましょう。

38に2をたすと40になり、一の位が0になりますね。

このことから、「38」を「キリのよい数」にすると「40」であり、「38」を「キリのよい数」である「40」にするためにたした「2」が「補数」となります。

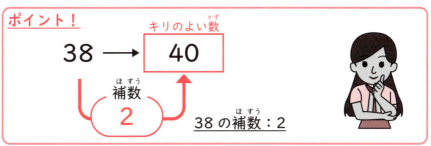

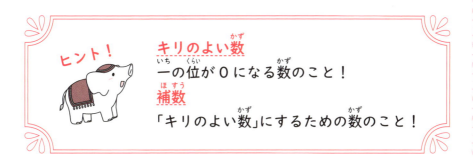

では、「キリのよい数」と「補数」を使うとどれくらいかんたんに答えが出るか、2ケタのたし算を例に見てみましょう。

◎「56+38」を「キリのよい数」を使って計算してみましょう。

ステップ❶
　38を、「補数」を使って、「キリのよい数」にします。

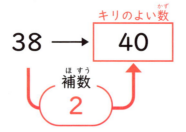

ステップ❷
　次に、「キリのよい数」を使って、計算します。

$56 + \boxed{40} = \boxed{96}$　　くり上がりがなくて、かんたん！

（40は「キリのよい数」、96はⒶ）

ステップ❸
　ステップ❷のⒶはステップ❶の「補数」の分だけ余分にたした答えなので、ステップ❷のⒶから「補数」をひきます。

$\boxed{96}_{Ⓐ} - \boxed{2}_{補数} = \boxed{94}_{答え}$

　答えは94になります。
　ステップ❷で「キリのよい数」を使ってたし算するときも、ステップ❸で「補数」を使ってひき算するときも、くり上がりやくり下がりがありません。かんたんな計算だけで、答えが出せましたね。

◎ 「18+29」を「キリのよい数」を使って計算してみましょう。

ステップ❶ 〜 ステップ❸ の順に計算して、下の □ に当てはまる数をそれぞれ答えましょう。

$$18+29=\boxed{}$$

$$29 \text{ の補数：} \boxed{}$$

ステップ❶

29 を、「補数」を使って、「キリのよい数」にします。
「キリのよい数」は ステップ❷ でたし算するまで、「補数」は ステップ❸ でひき算するまで、覚えておきましょう。

- 「キリのよい数」：30
- 「29 の補数」：1

ステップ❷

次に、「キリのよい数」を使って、計算します。

- 18+30=48

ステップ❸

ステップ❷ の答えから「補数」をひきます。

- 48−1=47

$$18+29=\boxed{47}$$

$$29 \text{ の補数：} \boxed{1}$$

答えは 47 になります。

≪練習問題≫

▶答えは146ページ

●次の数のいちばん近い「キリのよい数」と「補数」を答えましょう。

① 87　　キリのよい数_____、補数_____

② 99　　キリのよい数_____、補数_____

③ 76　　キリのよい数_____、補数_____

④ 56　　キリのよい数_____、補数_____

⑤ 18　　キリのよい数_____、補数_____

⑥ 49　　キリのよい数_____、補数_____

⑦ 29　　キリのよい数_____、補数_____

⑧ 68　　キリのよい数_____、補数_____

⑨ 37　　キリのよい数_____、補数_____

⑩ 16　　キリのよい数_____、補数_____

⑪ 98　　キリのよい数_____、補数_____

⑫ 57　　キリのよい数_____、補数_____

≪練習問題≫

▶答えは146ページ

●次の数のいちばん近い「キリのよい数」と「補数」を答えましょう。

① 58　キリのよい数_____、補数_____

② 19　キリのよい数_____、補数_____

③ 67　キリのよい数_____、補数_____

④ 88　キリのよい数_____、補数_____

⑤ 26　キリのよい数_____、補数_____

⑥ 96　キリのよい数_____、補数_____

⑦ 39　キリのよい数_____、補数_____

⑧ 77　キリのよい数_____、補数_____

⑨ 46　キリのよい数_____、補数_____

⑩ 78　キリのよい数_____、補数_____

⑪ 27　キリのよい数_____、補数_____

⑫ 69　キリのよい数_____、補数_____

1章　インド式かんたん たし算　スキル①

≪練習問題≫

▶答えは146ページ

● 次のたし算の答えを求めましょう。

① 17＋19

- ステップ❶　19のキリのよい数＿＿＿＿、補数＿＿＿＿
- ステップ❷　17＋＿＿＿＿（19のキリのよい数）＝＿＿＿＿Ⓐ
- ステップ❸　＿＿＿＿Ⓐ －＿＿＿＿（補数）＝＿＿＿＿（答え）

② 26＋37

- ステップ❶　37のキリのよい数＿＿＿＿、補数＿＿＿＿
- ステップ❷　26＋＿＿＿＿（37のキリのよい数）＝＿＿＿＿Ⓐ
- ステップ❸　＿＿＿＿Ⓐ －＿＿＿＿（補数）＝＿＿＿＿（答え）

③ 35＋56

- ステップ❶　56のキリのよい数＿＿＿＿、補数＿＿＿＿
- ステップ❷　35＋＿＿＿＿（56のキリのよい数）＝＿＿＿＿Ⓐ
- ステップ❸　＿＿＿＿Ⓐ －＿＿＿＿（補数）＝＿＿＿＿（答え）

④ 47＋28

- ステップ❶　28のキリのよい数＿＿＿＿、補数＿＿＿＿
- ステップ❷　47＋＿＿＿＿（28のキリのよい数）＝＿＿＿＿Ⓐ
- ステップ❸　＿＿＿＿Ⓐ －＿＿＿＿（補数）＝＿＿＿＿（答え）

⑤ 31＋49

- ステップ❶　49のキリのよい数＿＿＿＿、補数＿＿＿＿
- ステップ❷　31＋＿＿＿＿（49のキリのよい数）＝＿＿＿＿Ⓐ
- ステップ❸　＿＿＿＿Ⓐ －＿＿＿＿（補数）＝＿＿＿＿（答え）

≪練習問題≫

▶答えは146ページ

●次のたし算の答えを求めましょう。

① 24＋18 ＝ _____　　18 の補数：_____

② 28＋69 ＝ _____　　69 の補数：_____

③ 37＋17 ＝ _____　　17 の補数：_____

④ 14＋19 ＝ _____　　19 の補数：_____

⑤ 16＋46 ＝ _____　　46 の補数：_____

⑥ 25＋29 ＝ _____　　29 の補数：_____

⑦ 12＋58 ＝ _____　　58 の補数：_____

⑧ 55＋27 ＝ _____　　27 の補数：_____

⑨ 13＋48 ＝ _____　　48 の補数：_____

⑩ 29＋39 ＝ _____　　39 の補数：_____

⑪ 34＋16 ＝ _____　　16 の補数：_____

⑫ 15＋68 ＝ _____　　68 の補数：_____

≪練習問題≫

▶答えは146ページ

●次のたし算の答えを求めましょう。

① 53＋39 ＝ ＿＿＿＿

② 18＋28 ＝ ＿＿＿＿

③ 33＋17 ＝ ＿＿＿＿

④ 16＋79 ＝ ＿＿＿＿

⑤ 35＋46 ＝ ＿＿＿＿

⑥ 36＋58 ＝ ＿＿＿＿

⑦ 22＋69 ＝ ＿＿＿＿

⑧ 15＋57 ＝ ＿＿＿＿

⑨ 67＋18 ＝ ＿＿＿＿

⑩ 24＋36 ＝ ＿＿＿＿

⑪ 57＋27 ＝ ＿＿＿＿

⑫ 18＋49 ＝ ＿＿＿＿

⑬ 12＋78 ＝ ＿＿＿＿

⑭ 24＋59 ＝ ＿＿＿＿

⑮ 34＋37 ＝ ＿＿＿＿

⑯ 16＋56 ＝ ＿＿＿＿

⑰ 27＋19 ＝ ＿＿＿＿

⑱ 35＋48 ＝ ＿＿＿＿

⑲ 26＋67 ＝ ＿＿＿＿

⑳ 14＋38 ＝ ＿＿＿＿

㉑ 35＋16 ＝ ＿＿＿＿

㉒ 13＋68 ＝ ＿＿＿＿

㉓ 35＋29 ＝ ＿＿＿＿

㉔ 43＋47 ＝ ＿＿＿＿

《練習問題》

▶答えは146ページ

●次のたし算の答えを求めましょう。

① 11＋79 ＝ _____

② 36＋16 ＝ _____

③ 44＋37 ＝ _____

④ 27＋68 ＝ _____

⑤ 52＋29 ＝ _____

⑥ 14＋56 ＝ _____

⑦ 37＋47 ＝ _____

⑧ 16＋69 ＝ _____

⑨ 25＋48 ＝ _____

⑩ 13＋17 ＝ _____

⑪ 65＋26 ＝ _____

⑫ 19＋59 ＝ _____

⑬ 22＋38 ＝ _____

⑭ 35＋57 ＝ _____

⑮ 43＋49 ＝ _____

⑯ 26＋46 ＝ _____

⑰ 37＋19 ＝ _____

⑱ 36＋28 ＝ _____

⑲ 15＋39 ＝ _____

⑳ 43＋18 ＝ _____

㉑ 16＋27 ＝ _____

㉒ 34＋36 ＝ _____

㉓ 14＋78 ＝ _____

㉔ 28＋58 ＝ _____

1章 インド式かんたん たし算 スキル①

2章　インド式かんたん ひき算

スキル②　「65−27」「52−19」……
2ケタのひき算も、楽しく解ける！

　「インド式たし算」では、「キリのよい数」や「補数」を使って、かんたんに計算することができましたね。
　「インド式ひき算」でも「キリのよい数」や「補数」を使って計算すれば、かんたんに答えを出すことができます。

● 「キリのよい数」や「補数」って、何のことだったかな？
　「キリのよい数」とは、10、20、30、40、……のような、一の位が0になる数のことです。また、ある数を「キリのよい数」にするための数を「補数」といいます。

◎ 「56」を「キリのよい数」にしてみましょう。
　56に4をたすと60になり、一の位が0になりますね。
　このことから、「56」を「キリのよい数」にすると「60」であり、「56」を「キリのよい数」である「60」にするためにたした「4」が「補数」となります。

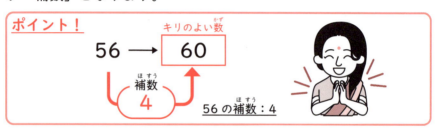

ポイント！
56 → キリのよい数 60
補数 4
56の補数：4

では、「キリのよい数」と「補数」を使うと、2ケタのひき算がどれくらいかんたんにできるか、見てみましょう。

◎「65−27」を「キリのよい数」を使って計算してみましょう。

ステップ❶

27を、「補数」を使って、「キリのよい数」にします。

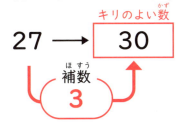

27 → 30（キリのよい数）
補数 3

ステップ❷

次に、「キリのよい数」を使って、計算します。

65 − 30（キリのよい数）= 35 Ⓐ

　くり下がりがなくて、かんたん！

ステップ❸

ステップ❷のⒶはステップ❶の「補数」の分だけ余分にひいた答えなので、ステップ❷のⒶに「補数」をたします。

35 Ⓐ ＋ 3（補数）＝ 38（答え）

答えは38になります。

ステップ❷で「キリのよい数」を使ってひき算するときも、ステップ❸で「補数」を使ってたし算するときも、くり下がりやくり上がりがありません。かんたんな計算だけで、答えが出せましたね。

23

◎ 「52−19」を「キリのよい数」を使って計算してみましょう。
ステップ❶ 〜 ステップ❸ の順に計算して、下の □ に当てはまる数をそれぞれ答えましょう。

$$52 - 19 = \boxed{}$$

19 の補数：□

ステップ❶

19 を、「補数」を使って、「キリのよい数」にします。
「キリのよい数」は ステップ❷ でひき算するまで、「補数」は ステップ❸ でたし算するまで、覚えておきましょう。
- 「キリのよい数」：20
- 「19 の補数」：1

ステップ❷

次に、「キリのよい数」を使って、計算します。
- 52 − 20 = 32

ステップ❸

ステップ❷ の答えに「補数」をたします。
- 32 + 1 = 33

$$52 - 19 = \boxed{33}$$

19 の補数：$\boxed{1}$

答えは 33 になります。

◎「74−68」を「キリのよい数」を使って計算してみましょう。
　ステップ❶〜ステップ❸の順に計算して、下の ☐ に当てはまる数を答えましょう。

$$74 - 68 = \boxed{}$$

ステップ❶
68を、「補数」を使って、「キリのよい数」にします。
「キリのよい数」はステップ❷でひき算するまで、「補数」はステップ❸でたし算するまで、覚えておきましょう。
- 「キリのよい数」：70
- 「68の補数」：2

ステップ❷
次に、「キリのよい数」を使って、計算します。
- 74−70＝4

ステップ❸
ステップ❷の答えに「補数」をたします。
- 4＋2＝6

$$74 - 68 = \boxed{6}$$

答えは6になります。

2章　インド式かんたん　ひき算　スキル②

≪練習問題≫

▶答えは146ページ

●次のひき算の答えを求めましょう。

① 82−48

- ステップ❶ 48のキリのよい数＿＿＿＿、補数＿＿＿＿
- ステップ❷ 82−＿＿＿＿(48のキリのよい数) ＝＿＿＿＿Ⓐ
- ステップ❸ ＿＿＿Ⓐ＋＿＿＿(補数) ＝＿＿＿(答え)

② 95−46

- ステップ❶ 46のキリのよい数＿＿＿＿、補数＿＿＿＿
- ステップ❷ 95−＿＿＿＿(46のキリのよい数) ＝＿＿＿＿Ⓐ
- ステップ❸ ＿＿＿Ⓐ＋＿＿＿(補数) ＝＿＿＿(答え)

③ 98−79

- ステップ❶ 79のキリのよい数＿＿＿＿、補数＿＿＿＿
- ステップ❷ 98−＿＿＿＿(79のキリのよい数) ＝＿＿＿＿Ⓐ
- ステップ❸ ＿＿＿Ⓐ＋＿＿＿(補数) ＝＿＿＿(答え)

④ 81−57

- ステップ❶ 57のキリのよい数＿＿＿＿、補数＿＿＿＿
- ステップ❷ 81−＿＿＿＿(57のキリのよい数) ＝＿＿＿＿Ⓐ
- ステップ❸ ＿＿＿Ⓐ＋＿＿＿(補数) ＝＿＿＿(答え)

⑤ 97−88

- ステップ❶ 88のキリのよい数＿＿＿＿、補数＿＿＿＿
- ステップ❷ 97−＿＿＿＿(88のキリのよい数) ＝＿＿＿＿Ⓐ
- ステップ❸ ＿＿＿Ⓐ＋＿＿＿(補数) ＝＿＿＿(答え)

≪練習問題≫

▶答えは146〜147ページ

●次のひき算の答えを求めましょう。

① 61−29
- ステップ❶ 29のキリのよい数＿＿＿＿、補数＿＿＿＿
- ステップ❷ 61−＿＿＿＿（29のキリのよい数）＝＿＿＿＿Ⓐ
- ステップ❸ ＿＿＿Ⓐ＋＿＿＿（補数）＝＿＿＿（答え）

② 53−36
- ステップ❶ 36のキリのよい数＿＿＿＿、補数＿＿＿＿
- ステップ❷ 53−＿＿＿＿（36のキリのよい数）＝＿＿＿＿Ⓐ
- ステップ❸ ＿＿＿Ⓐ＋＿＿＿（補数）＝＿＿＿（答え）

③ 66−18
- ステップ❶ 18のキリのよい数＿＿＿＿、補数＿＿＿＿
- ステップ❷ 66−＿＿＿＿（18のキリのよい数）＝＿＿＿＿Ⓐ
- ステップ❸ ＿＿＿Ⓐ＋＿＿＿（補数）＝＿＿＿（答え）

④ 74−69
- ステップ❶ 69のキリのよい数＿＿＿＿、補数＿＿＿＿
- ステップ❷ 74−＿＿＿＿（69のキリのよい数）＝＿＿＿＿Ⓐ
- ステップ❸ ＿＿＿Ⓐ＋＿＿＿（補数）＝＿＿＿（答え）

⑤ 83−57
- ステップ❶ 57のキリのよい数＿＿＿＿、補数＿＿＿＿
- ステップ❷ 83−＿＿＿＿（57のキリのよい数）＝＿＿＿＿Ⓐ
- ステップ❸ ＿＿＿Ⓐ＋＿＿＿（補数）＝＿＿＿（答え）

2章 インド式かんたん ひき算 スキル②

≪練習問題≫

▶答えは147ページ

●次のひき算の答えを求めましょう。

① 67 − 59 = _____   59 の補数：_____

② 45 − 28 = _____   28 の補数：_____

③ 72 − 37 = _____   37 の補数：_____

④ 84 − 16 = _____   16 の補数：_____

⑤ 71 − 58 = _____   58 の補数：_____

⑥ 56 − 49 = _____   49 の補数：_____

⑦ 91 − 56 = _____   56 の補数：_____

⑧ 36 − 17 = _____   17 の補数：_____

⑨ 93 − 89 = _____   89 の補数：_____

⑩ 62 − 26 = _____   26 の補数：_____

⑪ 55 − 39 = _____   39 の補数：_____

⑫ 83 − 38 = _____   38 の補数：_____

≪練習問題≫

▶答えは147ページ

●次のひき算の答えを求めましょう。

① 93−47 = _____   47 の補数：_____

② 77−18 = _____   18 の補数：_____

③ 82−69 = _____   69 の補数：_____

④ 63−36 = _____   36 の補数：_____

⑤ 88−79 = _____   79 の補数：_____

⑥ 75−27 = _____   27 の補数：_____

⑦ 82−68 = _____   68 の補数：_____

⑧ 61−19 = _____   19 の補数：_____

⑨ 75−46 = _____   46 の補数：_____

⑩ 94−57 = _____   57 の補数：_____

⑪ 76−48 = _____   48 の補数：_____

⑫ 43−29 = _____   29 の補数：_____

2章 インド式かんたん ひき算 スキル②

≪練習問題≫

▶答えは147ページ

● 次のひき算の答えを求めましょう。

① 93 − 59 = _____   ② 66 − 48 = _____

③ 81 − 77 = _____   ④ 64 − 26 = _____

⑤ 72 − 68 = _____   ⑥ 57 − 39 = _____

⑦ 85 − 57 = _____   ⑧ 83 − 36 = _____

⑨ 92 − 89 = _____   ⑩ 44 − 28 = _____

⑪ 76 − 47 = _____   ⑫ 81 − 66 = _____

⑬ 65 − 58 = _____   ⑭ 63 − 27 = _____

⑮ 88 − 69 = _____   ⑯ 72 − 56 = _____

⑰ 97 − 78 = _____   ⑱ 56 − 29 = _____

⑲ 94 − 87 = _____   ⑳ 61 − 38 = _____

㉑ 84 − 79 = _____   ㉒ 55 − 46 = _____

㉓ 92 − 37 = _____   ㉔ 81 − 49 = _____

≪練習問題≫

▶答えは147ページ

●次のひき算の答えを求めましょう。

① 92−68 = ＿＿＿＿

② 75−39 = ＿＿＿＿

③ 83−66 = ＿＿＿＿

④ 66−57 = ＿＿＿＿

⑤ 67−29 = ＿＿＿＿

⑥ 74−56 = ＿＿＿＿

⑦ 51−37 = ＿＿＿＿

⑧ 95−88 = ＿＿＿＿

⑨ 72−46 = ＿＿＿＿

⑩ 83−49 = ＿＿＿＿

⑪ 84−77 = ＿＿＿＿

⑫ 57−28 = ＿＿＿＿

⑬ 98−89 = ＿＿＿＿

⑭ 41−36 = ＿＿＿＿

⑮ 83−47 = ＿＿＿＿

⑯ 92−79 = ＿＿＿＿

⑰ 35−26 = ＿＿＿＿

⑱ 94−58 = ＿＿＿＿

⑲ 81−69 = ＿＿＿＿

⑳ 42−27 = ＿＿＿＿

㉑ 53−48 = ＿＿＿＿

㉒ 64−59 = ＿＿＿＿

㉓ 75−67 = ＿＿＿＿

㉔ 66−38 = ＿＿＿＿

コラム① おつりの金額がすぐわかる
この「ひき算」も便利！

　くり下がりのある2ケタのひき算も、「キリのよい数」や「補数」を使って計算すれば、かんたんに答えを出せることがわかりましたね。楽しいですね。
　「補数」を使ってかんたんに答えを出せるひき算がもう1つあります。
　買い物をしたときに、1000円札や10000円札を出すことがありますよね。そのときのおつりをかんたんに計算する方法です。

　さっそく問題にチャレンジです。（解説は、34、35ページ）

問題①

　ランチにおいしいインドカレーのセットを食べたよ。このセットは875円。1000円で払ったときのおつりはいくら？

　1000−875＝？を計算するね。

問題②

　インドで定番の飲み物「ラッシー」を飲んだよ。この「ラッシー」は451円。1000円で払ったときのおつりはいくら？

> **問題③**
>
> ランチに4人で行きインドカレーのセットを食べたよ。このセット4人分の合計は3916円。10000円で払ったときのおつりはいくら?
>
> > 10000－3916＝？を計算するね。

> **問題④**
>
> インドの女性の民族衣装「サリー」を買ったよ。この「サリー」は6207円。10000円で払ったときのおつりはいくら?

ここでは「9に対する補数」も使うよ!

「9に対する補数」とは、「ある数を9にするための数」のことです。

ヒント！

6の9に対する補数：3

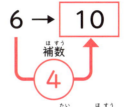

6の10に対する補数：4

1000円で払ったときの計算法

一の位以外は「9に対する補数」を使おう。

● 問題① 〔1000−875〕の答え

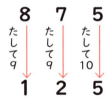

百の位と十の位はたして9になる数、一の位はたして10になる数を考えるよ！

答えは125円です。

● 問題② 〔1000−451〕の答え

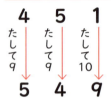

百の位と十の位はたして9、一の位はたして10！

答えは549円です。

10000円で払ったときの計算法

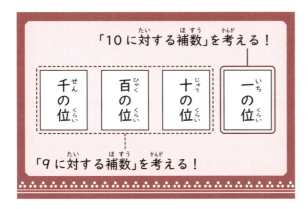

● 問題③ 〔10000 − 3916〕の答え

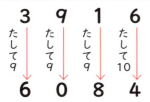

答えは 6084 円です。

● 問題④ 〔10000 − 6207〕の答え

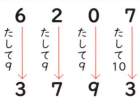

答えは 3793 円です。

3章　インド式かんたん かけ算【基本編】

スキル③　19までの2ケタ×2ケタのかけ算
「2ケタの九九」も、スラスラできる！

　たし算、ひき算の次は、いよいよ「インド式かけ算」です。「インド式かけ算」の〈スキル③〉を使うと、「11×11」～「19×19」が一瞬で、しかも暗算でできるのです。

◎「12×15」を「3つのステップ」で計算してみましょう。

ステップ❶　一方の数に他方の数の一の位の数をたします。

$$12 \times 1\underline{5}$$
$$12 + 5 = 17$$

ステップ❷　2つの数の一の位どうしをかけます。

$$1\underline{2} \times 1\underline{5}$$
$$2 \times 5 = 10$$

ステップ❸　ここで **ステップ❶** と **ステップ❷** の答えを下のように位をずらして、たします。

```
   1 7
+    1 0
─────────
   1 8 0
```

位をずらす

位をずらすのがインド式！

　答えは180になります。どうです？　かんたんでしょう！ちょっと不思議な魔法のようなかけ算ですね。

ではもう一度、計算の順序を確認しながら、練習しましょう。

◎ 「14×12」を「3つのステップ」で計算してみましょう。

ステップ❶　一方の数に他方の数の一の位の数をたします。

$$14 \times 1\underline{2}$$
$$14 + 2 = 16$$

ステップ❷　2つの数の一の位どうしをかけます。

$$1\underline{4} \times 1\underline{2}$$
$$4 \times 2 = 08$$

1ケタの場合は「08」として、2ケタ分のスペースを作ります。

ステップ❸　16と08の位をずらして、たします。

```
   1 6
+    0 8
─────────
   1 6 8
```
← 位をずらす

答えは168になります。

「11×11」〜「19×19」までの2ケタのかけ算の答えはすべて、このように出すことができます。

37

≪練習問題≫

▶答えは147ページ

●次のかけ算の答えを求めましょう。

① 16×18

- ステップ❶　16＋8＝_____ ㋐
- ステップ❷　6×8＝_____ ㋑
- ステップ❸　答え＝_____ ㋒

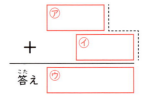

② 18×11

- ステップ❶　18＋1＝_____ ㋐
- ステップ❷　8×1＝_____ ㋑
- ステップ❸　答え＝_____ ㋒

③ 15×13

- ステップ❶　15＋3＝_____ ㋐
- ステップ❷　5×3＝_____ ㋑
- ステップ❸　答え＝_____ ㋒

④ 11×17

- ステップ❶　11＋7＝_____ ㋐
- ステップ❷　1×7＝_____ ㋑
- ステップ❸　答え＝_____ ㋒

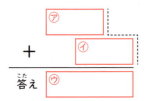

⑤ 14×16

- ステップ❶　14＋6＝_____ ㋐
- ステップ❷　4×6＝_____ ㋑
- ステップ❸　答え＝_____ ㋒

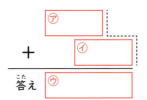

《練習問題》　▶答えは147ページ

● 次のかけ算の答えを求めましょう。

① 19×13
- ステップ❶　19＋3＝_____ ㋐
- ステップ❷　9×3＝_____ ㋑
- ステップ❸　答え＝_____ ㋒

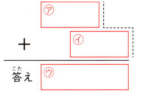

② 13×12
- ステップ❶　13＋2＝_____ ㋐
- ステップ❷　3×2＝_____ ㋑
- ステップ❸　答え＝_____ ㋒

③ 17×14
- ステップ❶　17＋4＝_____ ㋐
- ステップ❷　7×4＝_____ ㋑
- ステップ❸　答え＝_____ ㋒

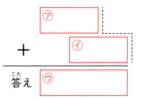

④ 12×18
- ステップ❶　12＋8＝_____ ㋐
- ステップ❷　2×8＝_____ ㋑
- ステップ❸　答え＝_____ ㋒

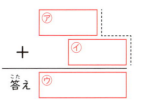

⑤ 15×19
- ステップ❶　15＋9＝_____ ㋐
- ステップ❷　5×9＝_____ ㋑
- ステップ❸　答え＝_____ ㋒

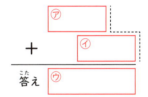

3章　インド式かんたん かけ算　スキル③

≪練習問題≫

▶答えは147ページ

● 次のかけ算の答えを求めましょう。

① 16×13＝＿＿＿＿　　② 12×19＝＿＿＿＿

③ 19×18＝＿＿＿＿　　④ 11×12＝＿＿＿＿

⑤ 17×17＝＿＿＿＿　　⑥ 15×16＝＿＿＿＿

⑦ 18×15＝＿＿＿＿　　⑧ 14×11＝＿＿＿＿

⑨ 13×14＝＿＿＿＿　　⑩ 19×19＝＿＿＿＿

⑪ 11×15＝＿＿＿＿　　⑫ 17×13＝＿＿＿＿

⑬ 15×17＝＿＿＿＿　　⑭ 19×11＝＿＿＿＿

⑮ 14×14＝＿＿＿＿　　⑯ 12×16＝＿＿＿＿

⑰ 13×18＝＿＿＿＿　　⑱ 18×12＝＿＿＿＿

⑲ 16×19＝＿＿＿＿　　⑳ 11×11＝＿＿＿＿

㉑ 17×12＝＿＿＿＿　　㉒ 16×11＝＿＿＿＿

㉓ 19×14＝＿＿＿＿　　㉔ 18×17＝＿＿＿＿

≪練習問題≫

▶答えは148ページ

●次のかけ算の答えを求めましょう。

① 12×12＝_____

② 19×17＝_____

③ 17×16＝_____

④ 13×11＝_____

⑤ 14×13＝_____

⑥ 15×15＝_____

⑦ 18×14＝_____

⑧ 14×15＝_____

⑨ 16×12＝_____

⑩ 11×19＝_____

⑪ 13×13＝_____

⑫ 12×14＝_____

⑬ 19×12＝_____

⑭ 17×18＝_____

⑮ 13×15＝_____

⑯ 13×19＝_____

⑰ 11×16＝_____

⑱ 18×13＝_____

⑲ 15×11＝_____

⑳ 16×16＝_____

㉑ 19×16＝_____

㉒ 17×15＝_____

㉓ 11×18＝_____

㉔ 16×14＝_____

スキル④ 「74×76」…大きな数の2ケタかけ算
まず「十の位の数」を見てみよう！

「インド式かけ算」の〈スキル④〉を使うと、20以上の大きな2ケタどうしのかけ算も、一瞬で答えが出ます。

このスキルが使えるのは、かけ算する2つの数に、次の「2つの秘密」があるときです。

> ① 十の位の数が同じであること

> ② 一の位の数どうしをたすと10になること

たとえば、2つの数「74」と「76」で見てみましょう。

① 十の位の数が同じであること

74　　**7**6　←　十の位はどちらも **7**！

② 一の位の数どうしをたすと10になること

7**4**　　7**6**　←　4＋6＝**10**！

一の位の数は 4 と 6

このように、十の位の数が同じで、一の位の数どうしをたすと10になる2つの数を見つけてみましょう。

〈スキル④〉を使って、とてもかんたんに計算できるようになります。

◎「74×76」を「3つのステップ」で計算してみましょう。

ステップ❶

十の位の数と十の位の数に1をたした数をかけます。

7④ × 7⑥
         +1

7 × 8 = 56

ステップ❷

一の位どうしのかけ算をします。

7④ × 7⑥

4 × 6 = 24

ステップ❸

ステップ❶、ステップ❷の順に答えを並べます。

答え　(ステップ❶) 56　(ステップ❷) 24

答えは5624になります。
1ケタの九九だけで、2ケタどうしのかけ算ができましたね！

ただし、「21×29」のように、ステップ❷の答えが1ケタの数になる場合は「09」として、2ケタ分のスペースを作りましょう。「21×29」の答えは609となります。

≪練習問題≫

▶答えは148ページ

●次のかけ算の答えを求めましょう。

① 62×68
- ステップ❶ 6×7=_____ ㋐
- ステップ❷ 2×8=_____ ㋑
- ステップ❸ 答え =_____ ㋒

② 87×83
- ステップ❶ 8×9=_____ ㋐
- ステップ❷ 7×3=_____ ㋑
- ステップ❸ 答え =_____ ㋒

③ 51×59
- ステップ❶ 5×6=_____ ㋐
- ステップ❷ 1×9=_____ ㋑
- ステップ❸ 答え =_____ ㋒

④ 94×96
- ステップ❶ 9×10=_____ ㋐
- ステップ❷ 4×6=_____ ㋑
- ステップ❸ 答え =_____ ㋒

⑤ 35×35
- ステップ❶ 3×4=_____ ㋐
- ステップ❷ 5×5=_____ ㋑
- ステップ❸ 答え =_____ ㋒

⑥ 28×22
- ステップ❶ 2×3=_____ ㋐
- ステップ❷ 8×2=_____ ㋑
- ステップ❸ 答え =_____ ㋒

⑦ 46×44
- ステップ❶ 4×5=_____ ㋐
- ステップ❷ 6×4=_____ ㋑
- ステップ❸ 答え =_____ ㋒

⑧ 73×77
- ステップ❶ 7×8=_____ ㋐
- ステップ❷ 3×7=_____ ㋑
- ステップ❸ 答え =_____ ㋒

⑨ 69×61
- ステップ❶ 6×7=_____ ㋐
- ステップ❷ 9×1=_____ ㋑
- ステップ❸ 答え =_____ ㋒

⑩ 55×55
- ステップ❶ 5×6=_____ ㋐
- ステップ❷ 5×5=_____ ㋑
- ステップ❸ 答え =_____ ㋒

≪練習問題≫

▶答えは148ページ

●次のかけ算の答えを求めましょう。

① 37×33
- ステップ❶ 3×4＝_____ ㋐
- ステップ❷ 7×3＝_____ ㋑
- ステップ❸ 答え ＝_____ ㋒

② 99×91
- ステップ❶ 9×10＝_____ ㋐
- ステップ❷ 9×1＝_____ ㋑
- ステップ❸ 答え ＝_____ ㋒

③ 58×52
- ステップ❶ 5×6＝_____ ㋐
- ステップ❷ 8×2＝_____ ㋑
- ステップ❸ 答え ＝_____ ㋒

④ 76×74
- ステップ❶ 7×8＝_____ ㋐
- ステップ❷ 6×4＝_____ ㋑
- ステップ❸ 答え ＝_____ ㋒

⑤ 45×45
- ステップ❶ 4×5＝_____ ㋐
- ステップ❷ 5×5＝_____ ㋑
- ステップ❸ 答え ＝_____ ㋒

⑥ 64×66
- ステップ❶ 6×7＝_____ ㋐
- ステップ❷ 4×6＝_____ ㋑
- ステップ❸ 答え ＝_____ ㋒

⑦ 81×89
- ステップ❶ 8×9＝_____ ㋐
- ステップ❷ 1×9＝_____ ㋑
- ステップ❸ 答え ＝_____ ㋒

⑧ 23×27
- ステップ❶ 2×3＝_____ ㋐
- ステップ❷ 3×7＝_____ ㋑
- ステップ❸ 答え ＝_____ ㋒

⑨ 42×48
- ステップ❶ 4×5＝_____ ㋐
- ステップ❷ 2×8＝_____ ㋑
- ステップ❸ 答え ＝_____ ㋒

⑩ 95×95
- ステップ❶ 9×10＝_____ ㋐
- ステップ❷ 5×5＝_____ ㋑
- ステップ❸ 答え ＝_____ ㋒

3章 インド式かんたん かけ算 スキル④

≪練習問題≫

▶答えは148ページ

●次のかけ算の答えを求めましょう。

① 35×35＝_____　　② 49×41＝_____

③ 88×82＝_____　　④ 67×63＝_____

⑤ 25×25＝_____　　⑥ 72×78＝_____

⑦ 95×95＝_____　　⑧ 31×39＝_____

⑨ 54×56＝_____　　⑩ 98×92＝_____

⑪ 24×26＝_____　　⑫ 53×57＝_____

⑬ 71×79＝_____　　⑭ 65×65＝_____

⑮ 29×21＝_____　　⑯ 86×84＝_____

⑰ 32×38＝_____　　⑱ 45×45＝_____

⑲ 96×94＝_____　　⑳ 77×73＝_____

㉑ 59×51＝_____　　㉒ 68×62＝_____

㉓ 44×46＝_____　　㉔ 83×87＝_____

≪練習問題≫

▶答えは148ページ

●次のかけ算の答えを求めましょう。

① 33×37 ＝ _____

② 52×58 ＝ _____

③ 91×99 ＝ _____

④ 66×64 ＝ _____

⑤ 85×85 ＝ _____

⑥ 48×42 ＝ _____

⑦ 27×23 ＝ _____

⑧ 84×86 ＝ _____

⑨ 89×81 ＝ _____

⑩ 56×54 ＝ _____

⑪ 43×47 ＝ _____

⑫ 61×69 ＝ _____

⑬ 38×32 ＝ _____

⑭ 75×75 ＝ _____

⑮ 97×93 ＝ _____

⑯ 22×28 ＝ _____

⑰ 74×76 ＝ _____

⑱ 55×55 ＝ _____

⑲ 92×98 ＝ _____

⑳ 34×36 ＝ _____

㉑ 41×49 ＝ _____

㉒ 63×67 ＝ _____

㉓ 78×72 ＝ _____

㉔ 26×24 ＝ _____

3章 インド式かんたんかけ算 スキル④

スキル⑤ 「29×89」…まだある！魔法のかけ算
まず「一の位の数」を見てみよう！

「インド式かけ算」の〈スキル⑤〉を使うと、〈スキル④〉と同じように、20以上の大きな2ケタどうしのかけ算も、かんたんに答えが出ます。

このスキルが使えるのは、かけ算する2つの数に、次の「2つの秘密」があるときです。

> ① 一の位の数が同じであること

> ② 十の位の数どうしをたすと10になること

たとえば、2つの数「29」と「89」で見てみましょう。

① 一の位の数が同じであること

2⑨　　8⑨　　一の位の数はどちらも9！

② 十の位どうしをたすと10になること

②9　　⑧9　　2＋8＝10！

十の位の数は 2 と 8

このように、一の位の数が同じで、十の位の数どうしをたすと10になる数の組み合わせのとき、〈スキル⑤〉を使うことができます。

つまり、〈スキル④〉とは、逆のパターンの数の組み合わせですね。

◎「29×89」を「3つのステップ」で計算してみましょう。

ステップ❶
十の位の数と十の位の数をかけて、一の位の数をたします。

$$29 \times 89$$
$$2 \times 8 + 9 = 25$$

ステップ❷
一の位どうしのかけ算をします。

$$29 \times 89$$
$$9 \times 9 = 81$$

ステップ❸
ステップ❶、ステップ❷の順に答えを並べます。

答え ステップ❶ 25 ステップ❷ 81

答えは 2581 です。
筆算を使わず、かんたんに計算できてしまいます。

ポイント！
「11×91」のように、ステップ❷ が 1 ケタの数になる場合は「01」として、2 ケタ分のスペースを作るよ！

≪練習問題≫

▶答えは148〜149ページ

● 次のかけ算の答えを求めましょう。

① 85×25
- ステップ① 8×2+5＝____ ㋐
- ステップ② 5×5＝____ ㋑
- ステップ③ 答え ＝____ ㋒

② 32×72
- ステップ① 3×7+2＝____ ㋐
- ステップ② 2×2＝____ ㋑
- ステップ③ 答え ＝____ ㋒

③ 47×67
- ステップ① 4×6+7＝____ ㋐
- ステップ② 7×7＝____ ㋑
- ステップ③ 答え ＝____ ㋒

④ 76×36
- ステップ① 7×3+6＝____ ㋐
- ステップ② 6×6＝____ ㋑
- ステップ③ 答え ＝____ ㋒

⑤ 64×44
- ステップ① 6×4+4＝____ ㋐
- ステップ② 4×4＝____ ㋑
- ステップ③ 答え ＝____ ㋒

⑥ 58×58
- ステップ① 5×5+8＝____ ㋐
- ステップ② 8×8＝____ ㋑
- ステップ③ 答え ＝____ ㋒

⑦ 93×13
- ステップ① 9×1+3＝____ ㋐
- ステップ② 3×3＝____ ㋑
- ステップ③ 答え ＝____ ㋒

⑧ 19×99
- ステップ① 1×9+9＝____ ㋐
- ステップ② 9×9＝____ ㋑
- ステップ③ 答え ＝____ ㋒

⑨ 21×81
- ステップ① 2×8+1＝____ ㋐
- ステップ② 1×1＝____ ㋑
- ステップ③ 答え ＝____ ㋒

⑩ 53×53
- ステップ① 5×5+3＝____ ㋐
- ステップ② 3×3＝____ ㋑
- ステップ③ 答え ＝____ ㋒

≪練習問題≫

▶答えは149ページ

●次のかけ算の答えを求めましょう。

① 65×45
- ステップ❶ 6×4+5=＿＿＿ ㋐
- ステップ❷ 5×5=＿＿＿ ㋑
- ステップ❸ 答え =＿＿＿ ㋒

② 92×12
- ステップ❶ 9×1+2=＿＿＿ ㋐
- ステップ❷ 2×2=＿＿＿ ㋑
- ステップ❸ 答え =＿＿＿ ㋒

③ 34×74
- ステップ❶ 3×7+4=＿＿＿ ㋐
- ステップ❷ 4×4=＿＿＿ ㋑
- ステップ❸ 答え =＿＿＿ ㋒

④ 77×37
- ステップ❶ 7×3+7=＿＿＿ ㋐
- ステップ❷ 7×7=＿＿＿ ㋑
- ステップ❸ 答え =＿＿＿ ㋒

⑤ 86×26
- ステップ❶ 8×2+6=＿＿＿ ㋐
- ステップ❷ 6×6=＿＿＿ ㋑
- ステップ❸ 答え =＿＿＿ ㋒

⑥ 48×68
- ステップ❶ 4×6+8=＿＿＿ ㋐
- ステップ❷ 8×8=＿＿＿ ㋑
- ステップ❸ 答え =＿＿＿ ㋒

⑦ 51×51
- ステップ❶ 5×5+1=＿＿＿ ㋐
- ステップ❷ 1×1=＿＿＿ ㋑
- ステップ❸ 答え =＿＿＿ ㋒

⑧ 69×49
- ステップ❶ 6×4+9=＿＿＿ ㋐
- ステップ❷ 9×9=＿＿＿ ㋑
- ステップ❸ 答え =＿＿＿ ㋒

⑨ 15×95
- ステップ❶ 1×9+5=＿＿＿ ㋐
- ステップ❷ 5×5=＿＿＿ ㋑
- ステップ❸ 答え =＿＿＿ ㋒

⑩ 22×82
- ステップ❶ 2×8+2=＿＿＿ ㋐
- ステップ❷ 2×2=＿＿＿ ㋑
- ステップ❸ 答え =＿＿＿ ㋒

3章 インド式かんたんかけ算 スキル⑤

≪練習問題≫

▶答えは149ページ

● 次のかけ算の答えを求めましょう。

① 71×31＝＿＿＿＿　　② 59×59＝＿＿＿＿

③ 14×94＝＿＿＿＿　　④ 62×42＝＿＿＿＿

⑤ 35×75＝＿＿＿＿　　⑥ 27×87＝＿＿＿＿

⑦ 96×16＝＿＿＿＿　　⑧ 43×63＝＿＿＿＿

⑨ 88×28＝＿＿＿＿　　⑩ 52×52＝＿＿＿＿

⑪ 66×46＝＿＿＿＿　　⑫ 17×97＝＿＿＿＿

⑬ 73×33＝＿＿＿＿　　⑭ 25×85＝＿＿＿＿

⑮ 41×61＝＿＿＿＿　　⑯ 38×78＝＿＿＿＿

⑰ 99×19＝＿＿＿＿　　⑱ 84×24＝＿＿＿＿

⑲ 39×79＝＿＿＿＿　　⑳ 55×55＝＿＿＿＿

㉑ 83×23＝＿＿＿＿　　㉒ 98×18＝＿＿＿＿

㉓ 12×92＝＿＿＿＿　　㉔ 44×64＝＿＿＿＿

≪練習問題≫

▶答えは149ページ

3章 インド式かんたん かけ算 スキル⑤

●次のかけ算の答えを求めましょう。

① 49×69＝_____

② 81×21＝_____

③ 13×93＝_____

④ 68×48＝_____

⑤ 37×77＝_____

⑥ 54×54＝_____

⑦ 26×86＝_____

⑧ 95×15＝_____

⑨ 72×32＝_____

⑩ 82×22＝_____

⑪ 67×47＝_____

⑫ 53×53＝_____

⑬ 58×58＝_____

⑭ 56×56＝_____

⑮ 45×65＝_____

⑯ 79×39＝_____

⑰ 91×11＝_____

⑱ 24×84＝_____

⑲ 57×57＝_____

⑳ 36×76＝_____

㉑ 89×29＝_____

㉒ 74×34＝_____

㉓ 51×51＝_____

㉔ 28×88＝_____

スキル⑥ 「9」が続くと、必ず奇跡が起こる!?
99のかけ算…「99×98」を一瞬で解く

「インド式かけ算」には、魔法のような楽しい計算法がたくさんあります。「9」の数が続くと、不思議なことが起きます。「99×98」など、「99」を使った2ケタのかけ算がすぐ解けるのです。

◎「26×99」を「3つのステップ」で計算してみましょう。

ステップ①
小さい数から、1をひきます。

26×99

26 − 1 = **25**

ステップ②
「99」から ステップ① の答えの数をひきます。

99 − **25** = **74**
　　　ステップ①の答え

ステップ③
ステップ①、ステップ②の順に答えを並べます。

　　　　　ステップ① ステップ②
答え　　（ **25** ）（ **74** ）

答えは2574になります。

◎ 「99×98」を「3つのステップ」で計算してみましょう。

ステップ①

小さい数から、1をひきます。

99×⑨⑧

98－1＝**97**

ステップ②

「99」から ステップ① の答えの数をひきます。

99－97＝**2**

（ステップ①の答え）

ステップ③

ステップ①、ステップ② の順に答えを並べます。

ステップ② の答えが1ケタの数の場合は「02」として、2ケタ分のスペースを作りましょう。

答え　**97**　**02**
　　　ステップ①　ステップ②

答えは9702になります。

ポイント！

「99」のかけ算は…
①小さい数から1をひく！
②99から①の数をひく！
③①と②の答えを並べる！
ひき算だけで答えが出せるね！

3章 インド式かんたん かけ算 スキル⑥

≪練習問題≫

▶答えは149ページ

● 次のかけ算の答えを求めましょう。

① 45×99
- ステップ❶ 45−1=____㋐
- ステップ❷ 99−___㋐=____㋑
- ステップ❸ 答え =____㋒

② 99×87
- ステップ❶ 87−1=____㋐
- ステップ❷ 99−___㋐=____㋑
- ステップ❸ 答え =____㋒

③ 99×51
- ステップ❶ 51−1=____㋐
- ステップ❷ 99−___㋐=____㋑
- ステップ❸ 答え =____㋒

④ 22×99
- ステップ❶ 22−1=____㋐
- ステップ❷ 99−___㋐=____㋑
- ステップ❸ 答え =____㋒

⑤ 69×99
- ステップ❶ 69−1=____㋐
- ステップ❷ 99−___㋐=____㋑
- ステップ❸ 答え =____㋒

⑥ 99×16
- ステップ❶ 16−1=____㋐
- ステップ❷ 99−___㋐=____㋑
- ステップ❸ 答え =____㋒

⑦ 99×38
- ステップ❶ 38−1=____㋐
- ステップ❷ 99−___㋐=____㋑
- ステップ❸ 答え =____㋒

⑧ 94×99
- ステップ❶ 94−1=____㋐
- ステップ❷ 99−___㋐=____㋑
- ステップ❸ 答え =____㋒

⑨ 73×99
- ステップ❶ 73−1=____㋐
- ステップ❷ 99−___㋐=____㋑
- ステップ❸ 答え =____㋒

⑩ 99×60
- ステップ❶ 60−1=____㋐
- ステップ❷ 99−___㋐=____㋑
- ステップ❸ 答え =____㋒

≪練習問題≫

▶答えは149〜150ページ

●次のかけ算の答えを求めましょう。

① 99×62
- ステップ❶ 62−1＝＿＿＿㋐
- ステップ❷ 99−＿㋐＝＿＿㋑
- ステップ❸ 答え ＝＿＿＿㋒

② 37×99
- ステップ❶ 37−1＝＿＿＿㋐
- ステップ❷ 99−＿㋐＝＿＿㋑
- ステップ❸ 答え ＝＿＿＿㋒

③ 81×99
- ステップ❶ 81−1＝＿＿＿㋐
- ステップ❷ 99−＿㋐＝＿＿㋑
- ステップ❸ 答え ＝＿＿＿㋒

④ 99×25
- ステップ❶ 25−1＝＿＿＿㋐
- ステップ❷ 99−＿㋐＝＿＿㋑
- ステップ❸ 答え ＝＿＿＿㋒

⑤ 99×96
- ステップ❶ 96−1＝＿＿＿㋐
- ステップ❷ 99−＿㋐＝＿＿㋑
- ステップ❸ 答え ＝＿＿＿㋒

⑥ 30×99
- ステップ❶ 30−1＝＿＿＿㋐
- ステップ❷ 99−＿㋐＝＿＿㋑
- ステップ❸ 答え ＝＿＿＿㋒

⑦ 13×99
- ステップ❶ 13−1＝＿＿＿㋐
- ステップ❷ 99−＿㋐＝＿＿㋑
- ステップ❸ 答え ＝＿＿＿㋒

⑧ 99×54
- ステップ❶ 54−1＝＿＿＿㋐
- ステップ❷ 99−＿㋐＝＿＿㋑
- ステップ❸ 答え ＝＿＿＿㋒

⑨ 99×78
- ステップ❶ 78−1＝＿＿＿㋐
- ステップ❷ 99−＿㋐＝＿＿㋑
- ステップ❸ 答え ＝＿＿＿㋒

⑩ 49×99
- ステップ❶ 49−1＝＿＿＿㋐
- ステップ❷ 99−＿㋐＝＿＿㋑
- ステップ❸ 答え ＝＿＿＿㋒

3章 インド式かんたんかけ算 スキル⑥

≪練習問題≫

▶答えは150ページ

●次のかけ算の答えを求めましょう。

① 99×64＝_____　　② 95×99＝_____

③ 21×99＝_____　　④ 99×80＝_____

⑤ 99×56＝_____　　⑥ 72×99＝_____

⑦ 17×99＝_____　　⑧ 99×33＝_____

⑨ 99×89＝_____　　⑩ 48×99＝_____

⑪ 20×99＝_____　　⑫ 99×75＝_____

⑬ 99×59＝_____　　⑭ 14×99＝_____

⑮ 67×99＝_____　　⑯ 99×31＝_____

⑰ 99×91＝_____　　⑱ 28×99＝_____

⑲ 36×99＝_____　　⑳ 99×42＝_____

㉑ 99×29＝_____　　㉒ 74×99＝_____

㉓ 66×99＝_____　　㉔ 99×50＝_____

≪練習問題≫

▶答えは150ページ

●次のかけ算の答えを求めましょう。

① 99×41 = _____

② 92×99 = _____

③ 26×99 = _____

④ 99×70 = _____

⑤ 99×19 = _____

⑥ 58×99 = _____

⑦ 63×99 = _____

⑧ 99×77 = _____

⑨ 99×85 = _____

⑩ 34×99 = _____

⑪ 99×15 = _____

⑫ 97×99 = _____

⑬ 23×99 = _____

⑭ 99×68 = _____

⑮ 99×44 = _____

⑯ 86×99 = _____

⑰ 39×99 = _____

⑱ 99×71 = _____

⑲ 99×90 = _____

⑳ 52×99 = _____

㉑ 11×99 = _____

㉒ 99×93 = _____

㉓ 99×88 = _____

㉔ 35×99 = _____

スキル⑦ 「999×723」をすぐ解く、すごいコツ
「3ケタのかけ算」も、スラスラできる！

「9」の数が続く不思議なかけ算はまだまだあります。「999」を使った3ケタのかけ算も、驚くほどかんたんに答えが出ます。〈スキル⑥〉と計算のやり方は同じで、とてもかんたんです。

◎「999×723」を「3つのステップ」で計算してみましょう。

ステップ①
小さい数から、1をひきます。

$$999 \times \boxed{723}$$

$$723 - 1 = 722$$

ステップ②
「999」から ステップ① の答えの数をひきます。

$$999 - \underline{722} = 277$$
　　　　ステップ①の答え

ステップ③
ステップ①、ステップ② の順に答えを並べます。

答え　(722)(277)
　　　ステップ①　ステップ②

答えは 722277 になります。

◎「991×999」を「3つのステップ」で計算してみましょう。

ステップ①
小さい数から、1をひきます。

$$991 \times 999$$

$$991 - 1 = 990$$

ステップ②
「999」から **ステップ①** の答えの数をひきます。

$$999 - 990 = 9$$

（ステップ①の答え）

ステップ③
ステップ①、**ステップ②** の順に答えを並べます。
ステップ② の答えが1ケタの数の場合は「009」として、3ケタ分のスペースを作りましょう。

答え　**ステップ①** 990　**ステップ②** 009

答えは990009になります。

ポイント！
「921×999」のように、**ステップ②** が2ケタの数になる場合は「079」として、3ケタ分のスペースを作るよ！

≪練習問題≫

▶答えは150ページ

● 次のかけ算の答えを求めましょう。

① 822×999
- ステップ① 822−1=_____ ㋐
- ステップ② 999−_____㋐=_____ ㋑
- ステップ③ 答え =_____ ㋒

② 999×313
- ステップ① 313−1=_____ ㋐
- ステップ② 999−_____㋐=_____ ㋑
- ステップ③ 答え =_____ ㋒

③ 999×964
- ステップ① 964−1=_____ ㋐
- ステップ② 999−_____㋐=_____ ㋑
- ステップ③ 答え =_____ ㋒

④ 406×999
- ステップ① 406−1=_____ ㋐
- ステップ② 999−_____㋐=_____ ㋑
- ステップ③ 答え =_____ ㋒

⑤ 579×999
- ステップ① 579−1=_____ ㋐
- ステップ② 999−_____㋐=_____ ㋑
- ステップ③ 答え =_____ ㋒

⑥ 999×798
- ステップ① 798−1=_____ ㋐
- ステップ② 999−_____㋐=_____ ㋑
- ステップ③ 答え =_____ ㋒

⑦ 999×181
- ステップ① 181−1=_____ ㋐
- ステップ② 999−_____㋐=_____ ㋑
- ステップ③ 答え =_____ ㋒

⑧ 657×999
- ステップ① 657−1=_____ ㋐
- ステップ② 999−_____㋐=_____ ㋑
- ステップ③ 答え =_____ ㋒

⑨ 435×999
- ステップ① 435−1=_____ ㋐
- ステップ② 999−_____㋐=_____ ㋑
- ステップ③ 答え =_____ ㋒

⑩ 999×243
- ステップ① 243−1=_____ ㋐
- ステップ② 999−_____㋐=_____ ㋑
- ステップ③ 答え =_____ ㋒

≪練習問題≫

▶答えは150ページ

●次のかけ算の答えを求めましょう。

① 999 × 615
- ステップ① 615－1＝_____ ㋐
- ステップ② 999－____㋐＝____ ㋑
- ステップ③ 答え ＝_____ ㋒

② 279 × 999
- ステップ① 279－1＝_____ ㋐
- ステップ② 999－____㋐＝____ ㋑
- ステップ③ 答え ＝_____ ㋒

③ 994 × 999
- ステップ① 994－1＝_____ ㋐
- ステップ② 999－____㋐＝____ ㋑
- ステップ③ 答え ＝_____ ㋒

④ 999 × 108
- ステップ① 108－1＝_____ ㋐
- ステップ② 999－____㋐＝____ ㋑
- ステップ③ 答え ＝_____ ㋒

⑤ 999 × 327
- ステップ① 327－1＝_____ ㋐
- ステップ② 999－____㋐＝____ ㋑
- ステップ③ 答え ＝_____ ㋒

⑥ 531 × 999
- ステップ① 531－1＝_____ ㋐
- ステップ② 999－____㋐＝____ ㋑
- ステップ③ 答え ＝_____ ㋒

⑦ 842 × 999
- ステップ① 842－1＝_____ ㋐
- ステップ② 999－____㋐＝____ ㋑
- ステップ③ 答え ＝_____ ㋒

⑧ 999 × 466
- ステップ① 466－1＝_____ ㋐
- ステップ② 999－____㋐＝____ ㋑
- ステップ③ 答え ＝_____ ㋒

⑨ 999 × 684
- ステップ① 684－1＝_____ ㋐
- ステップ② 999－____㋐＝____ ㋑
- ステップ③ 答え ＝_____ ㋒

⑩ 769 × 999
- ステップ① 769－1＝_____ ㋐
- ステップ② 999－____㋐＝____ ㋑
- ステップ③ 答え ＝_____ ㋒

3章 インド式かんたんかけ算 スキル⑦

≪練習問題≫

▶答えは150〜151ページ

●次のかけ算の答えを求めましょう。

① 999×473＝_____　　② 865×999＝_____

③ 128×999＝_____　　④ 999×649＝_____

⑤ 999×304＝_____　　⑥ 999×916＝_____

⑦ 291×999＝_____　　⑧ 999×557＝_____

⑨ 999×782＝_____　　⑩ 335×999＝_____

⑪ 151×999＝_____　　⑫ 999×807＝_____

⑬ 999×449＝_____　　⑭ 662×999＝_____

⑮ 988×999＝_____　　⑯ 999×393＝_____

⑰ 514×999＝_____　　⑱ 876×999＝_____

⑲ 733×999＝_____　　⑳ 999×228＝_____

㉑ 999×541＝_____　　㉒ 896×999＝_____

㉓ 705×999＝_____　　㉔ 489×999＝_____

≪練習問題≫

▶答えは151ページ

●次のかけ算の答えを求めましょう。

① 999×694＝_____

② 217×999＝_____

③ 839×999＝_____

④ 526×999＝_____

⑤ 999×943＝_____

⑥ 162×999＝_____

⑦ 451×999＝_____

⑧ 999×608＝_____

⑨ 999×385＝_____

⑩ 772×999＝_____

⑪ 999×267＝_____

⑫ 429×999＝_____

⑬ 196×999＝_____

⑭ 999×504＝_____

⑮ 931×999＝_____

⑯ 675×999＝_____

⑰ 358×999＝_____

⑱ 999×743＝_____

⑲ 999×812＝_____

⑳ 584×999＝_____

㉑ 117×999＝_____

㉒ 951×999＝_____

㉓ 999×238＝_____

㉔ 365×999＝_____

コラム② まだまだ続く！魔法の数字「9」
「4ケタのかけ算」に挑戦！

「99」を使った2ケタのかけ算、「999」を使った3ケタのかけ算、どちらも3つのステップで、かんたんに答えを出せることがわかりました。

「9999」を使った4ケタのかけ算も、同じように計算できるのでしょうか？ 〈スキル⑥〉、〈スキル⑦〉と同じ方法で計算してみましょう。

さっそく問題にチャレンジです。（解説は、68、69ページ）

インドの有名な建物「タージ・マハル」の入場料を1人1392円とします。ある日の入場者数が9999人だったとき、一日の入場料の合計はいくら？

1392×9999＝？を計算するね。

問題②
インドの民族衣装「サリー」を買ったよ。
このサリーは、1着9999円しました。
同じサリーを8428人分、買ったとしたら代金はいくら？

小さい数が2ケタや3ケタのときも、「3つのステップ」で計算してみましょう。

問題③

インドで人気のスポーツ「クリケット」はたくさんの人が見に来るよ。どの試合も9999人が見に来るとしたら、99試合で何人の人が見に来る?

9999×99＝? を計算するね。

問題④

インドのある農園では、マンゴーの木が9999本植えられているよ。1本の木から268個のマンゴーを収穫できるなら、収穫できるマンゴーは全部でいくつ？

ポイント！

① 小さい数から1をひく
② 9999から①の数をひく
③ ①と②の答えを並べる
「9」の魔法は、とにかくひき算だ！

● 問題① 〔1392×9999〕の答え

ステップ❶

小さい数から、1をひきます。

1392×9999

1392−1＝1391

ステップ❷

「9999」から ステップ❶ の答えの数をひきます。

9999−1391＝8608

ステップ❶ の答え

ステップ❸

ステップ❶、ステップ❷ の順に答えを並べます。

　　　　　ステップ❶　ステップ❷
答え　　　1391　　　8608

答えは13918608円（1391万8608円）です。

● 問題② 〔9999×8428〕の答え

ステップ❶　8428−1＝8427
ステップ❷　9999−8427＝1572
ステップ❸　84271572

いつも3つのステップを考えるだけ！

答えは84271572円（8427万1572円）です。

● 問題③　〔9999×99〕の答え

ステップ❶
小さい数から、1をひきます。

9999×(99)

99−1＝98

小さい数が何ケタでもやることは同じ！

ステップ❷
「9999」から **ステップ❶** の答えの数をひきます。

9999−98＝9901
　　　　 ステップ❶ の答え

ステップ❸
ステップ❶、**ステップ❷** の順に答えを並べます。

答え　**ステップ❶** 98　**ステップ❷** 9901

答えは 989901 人（98 万 9901 人）です。

● 問題④　〔268×9999〕の答え

ステップ❶　268−1＝267

ステップ❷　9999−267＝9732

ステップ❸　2679732

答えは 2679732 個（267 万 9732 個）です。

4章　インド式かんたん かけ算【中級編】

スキル⑧　11の謎…「34×11」が暗算できるワケ
頭が磨かれる「11のかけ算」に挑戦！

「11」という数と、2ケタの数をかけると、とてもおもしろいことが起きます。

なんと、たった1回のたし算で「2ケタ×11」のかけ算がかんたんに解けてしまうのです！

◎「34×11」を「2つのステップ」で計算してみましょう。

ステップ❶　11とかける、2ケタの数の間に、1つボックスを作ります。

$$34 \times 11$$
$$3\square 4$$

ステップ❷　「3」と「4」をたした数を、真ん中のボックスに入れます。

$$34 \times 11$$
$$3 + 4 = 7$$
$$34 \times 11 = 3\boxed{7}4$$

答えは374になります。
たし算だけで、かんたんにかけ算の答えが出せましたね。

◎「49×11」を「2つのステップ」で計算してみましょう。

ステップ❶　11 とかける、2 ケタの数の間に、1 つボックスを作ります。

$$49 \times 11$$
$$4\boxed{}9$$

ステップ❷　「4」と「9」をたした数は、2 ケタの数 13 になります。一の位の「3」だけを、真ん中のボックスに入れます。

そして、十の位の「1」は、下のように百の位にくり上げましょう。

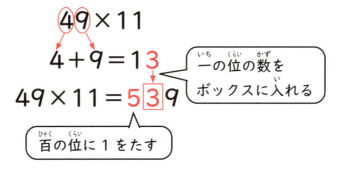

答えは 539 になります。

ステップ❷の答えが 2 ケタの数のときは、十の位の「1」は百の位へくり上げだ！

≪練習問題≫

▶答えは151ページ

● 次のかけ算の答えを求めましょう。

① 52×11
- ステップ❶ 　5 □ 2
- ステップ❷ 　5＋2＝＿＿＿
　　　　　　　　　＿＿＿＿（答え）

② 11×81
- ステップ❶ 　＿ □ ＿
- ステップ❷ 　8＋1＝＿＿＿
　　　　　　　　　＿＿＿＿（答え）

③ 11×26
- ステップ❶ 　＿ □ ＿
- ステップ❷ 　2＋6＝＿＿＿
　　　　　　　　　＿＿＿＿（答え）

④ 63×11
- ステップ❶ 　＿ □ ＿
- ステップ❷ 　6＋3＝＿＿＿
　　　　　　　　　＿＿＿＿（答え）

⑤ 45×11
- ステップ❶ 　＿ □ ＿
- ステップ❷ 　4＋5＝＿＿＿
　　　　　　　　　＿＿＿＿（答え）

⑥ 11×85
- ステップ❶ 　＿ □ ＿
- ステップ❷ 　8＋5＝＿＿＿
　　　　　　　　　＿＿＿＿（答え）

⑦ 11×56
- ステップ❶ 　＿ □ ＿
- ステップ❷ 　5＋6＝＿＿＿
　　　　　　　　　＿＿＿＿（答え）

⑧ 28×11
- ステップ❶ 　＿ □ ＿
- ステップ❷ 　2＋8＝＿＿＿
　　　　　　　　　＿＿＿＿（答え）

⑨ 59×11
- ステップ❶ 　＿ □ ＿
- ステップ❷ 　5＋9＝＿＿＿
　　　　　　　　　＿＿＿＿（答え）

⑩ 11×74
- ステップ❶ 　＿ □ ＿
- ステップ❷ 　7＋4＝＿＿＿
　　　　　　　　　＿＿＿＿（答え）

≪練習問題≫

▶答えは151ページ

●次のかけ算の答えを求めましょう。

① 11×39
ステップ❶ ＿□＿
ステップ❷ 3+9=＿＿＿
　　　　　　　＿＿＿(答え)

② 23×11
ステップ❶ ＿□＿
ステップ❷ 2+3=＿＿＿
　　　　　　　＿＿＿(答え)

③ 11×18
ステップ❶ ＿□＿
ステップ❷ 1+8=＿＿＿
　　　　　　　＿＿＿(答え)

④ 11×62
ステップ❶ ＿□＿
ステップ❷ 6+2=＿＿＿
　　　　　　　＿＿＿(答え)

⑤ 11×78
ステップ❶ ＿□＿
ステップ❷ 7+8=＿＿＿
　　　　　　　＿＿＿(答え)

⑥ 84×11
ステップ❶ ＿□＿
ステップ❷ 8+4=＿＿＿
　　　　　　　＿＿＿(答え)

⑦ 11×46
ステップ❶ ＿□＿
ステップ❷ 4+6=＿＿＿
　　　　　　　＿＿＿(答え)

⑧ 11×14
ステップ❶ ＿□＿
ステップ❷ 1+4=＿＿＿
　　　　　　　＿＿＿(答え)

⑨ 29×11
ステップ❶ ＿□＿
ステップ❷ 2+9=＿＿＿
　　　　　　　＿＿＿(答え)

⑩ 77×11
ステップ❶ ＿□＿
ステップ❷ 7+7=＿＿＿
　　　　　　　＿＿＿(答え)

4章 インド式かんたん かけ算 スキル⑧

≪練習問題≫

▶答えは151ページ

● 次のかけ算の答えを求めましょう。

① 11×69＝_____　　② 86×11＝_____

③ 55×11＝_____　　④ 11×31＝_____

⑤ 11×94＝_____　　⑥ 47×11＝_____

⑦ 72×11＝_____　　⑧ 11×22＝_____

⑨ 11×13＝_____　　⑩ 68×11＝_____

⑪ 44×11＝_____　　⑫ 11×75＝_____

⑬ 11×51＝_____　　⑭ 87×11＝_____

⑮ 19×11＝_____　　⑯ 11×36＝_____

⑰ 11×79＝_____　　⑱ 48×11＝_____

⑲ 16×11＝_____　　⑳ 11×32＝_____

㉑ 11×64＝_____　　㉒ 25×11＝_____

㉓ 57×11＝_____　　㉔ 11×83＝_____

≪練習問題≫

▶答えは151ページ

●次のかけ算の答えを求めましょう。

① 11×71＝＿＿＿＿

② 67×11＝＿＿＿＿

③ 29×11＝＿＿＿＿

④ 11×15＝＿＿＿＿

⑤ 11×54＝＿＿＿＿

⑥ 82×11＝＿＿＿＿

⑦ 38×11＝＿＿＿＿

⑧ 11×43＝＿＿＿＿

⑨ 11×76＝＿＿＿＿

⑩ 21×11＝＿＿＿＿

⑪ 84×11＝＿＿＿＿

⑫ 11×41＝＿＿＿＿

⑬ 11×12＝＿＿＿＿

⑭ 66×11＝＿＿＿＿

⑮ 35×11＝＿＿＿＿

⑯ 11×58＝＿＿＿＿

⑰ 11×89＝＿＿＿＿

⑱ 27×11＝＿＿＿＿

⑲ 73×11＝＿＿＿＿

⑳ 11×61＝＿＿＿＿

㉑ 11×53＝＿＿＿＿

㉒ 37×11＝＿＿＿＿

㉓ 46×11＝＿＿＿＿

㉔ 11×88＝＿＿＿＿

4章 インド式かんたんかけ算 スキル⑧

スキル⑨ 「3ケタ×11」で頭の回転が速くなる
「11のかけ算」は、3ケタもかんたん！

　謎の数「11」を使った3ケタのかけ算も、たし算だけで、不思議なほどかんたんに答えが出ます。〈スキル⑨〉は〈スキル⑧〉と計算のやり方は同じです。ただ、ケタが1つ増えるので、ステップも1つ増えて3つになります。
　インド式かけ算の魔法のような魅力を、楽しんでください！

◎「153×11」を「3つのステップ」で計算してみましょう。

ステップ❶　11とかける、3ケタの数の百の位の数と一の位の数の間に、2つボックスを作ります。

$$153 \times 11$$
$$1\,\square\,\square\,3$$

ステップ❷　百の位の数と十の位の数をたして、左のボックスに入れます。

$$153 \times 11$$
$$1 + 5 = 6$$
$$1\,6\,\square\,3$$

ステップ❸　十の位の数と一の位の数をたして、右のボックスに入れて、おしまいです！

$$153 \times 11$$
$$5 + 3 = 8$$
$$1\,6\,8\,3$$

答えは1683になります。

◎「579×11」を「3つのステップ」で計算してみましょう。

ステップ❶ 11とかける、3ケタの数の百の位の数と一の位の数の間に、2つボックスを作ります。

579×11

5□□9

ステップ❷ 百の位の数と十の位の数をたすと、2ケタの数になります。下のように一の位の「2」を、左のボックスに入れ、十の位の「1」は、千の位にくり上げます。

579×11

5＋7＝12

6 2 □ 9

千の位に1をたす

ステップ❸ 十の位の数と一の位の数をたすと、2ケタの数になります。下のように一の位の「6」を、右のボックスに入れ、十の位の「1」は、百の位にくり上げます。

579×11

7＋9＝16

6 3 6 9

百の位に1をたす

答えは6369になります。

ポイント！

ステップ❷の答えが2ケタの数のときは千の位へ、くり上げだ！
ステップ❸の答えが2ケタの数のときは百の位へ、くり上げだ！

≪練習問題≫

▶答えは152ページ

● 次のかけ算の答えを求めましょう。

① 531×11
- ステップ❶　5 □ □ 1
- ステップ❷　5＋3＝____
- ステップ❸　3＋1＝____

____(答え)

② 11×412
- ステップ❶　_ □ □ _
- ステップ❷　4＋1＝____
- ステップ❸　1＋2＝____

____(答え)

③ 11×653
- ステップ❶　_ □ □ _
- ステップ❷　6＋5＝____
- ステップ❸　5＋3＝____

____(答え)

④ 872×11
- ステップ❶　_ □ □ _
- ステップ❷　8＋7＝____
- ステップ❸　7＋2＝____

____(答え)

⑤ 349×11
- ステップ❶　_ □ □ _
- ステップ❷　3＋4＝____
- ステップ❸　4＋9＝____

____(答え)

⑥ 257×11
- ステップ❶　_ □ □ _
- ステップ❷　2＋5＝____
- ステップ❸　5＋7＝____

____(答え)

⑦ 768×11
- ステップ❶　_ □ □ _
- ステップ❷　7＋6＝____
- ステップ❸　6＋8＝____

____(答え)

⑧ 491×11
- ステップ❶　_ □ □ _
- ステップ❷　4＋9＝____
- ステップ❸　9＋1＝____

____(答え)

≪練習問題≫

▶答えは152ページ

●次のかけ算の答えを求めましょう。

① 121×11
- ステップ❶ _ □□ _
- ステップ❷ 1+2=____
- ステップ❸ 2+1=____
- ____(答え)

② 11×642
- ステップ❶ _ □□ _
- ステップ❷ 6+4=____
- ステップ❸ 4+2=____
- ____(答え)

③ 11×481
- ステップ❶ _ □□ _
- ステップ❷ 4+8=____
- ステップ❸ 8+1=____
- ____(答え)

④ 592×11
- ステップ❶ _ □□ _
- ステップ❷ 5+9=____
- ステップ❸ 9+2=____
- ____(答え)

⑤ 276×11
- ステップ❶ _ □□ _
- ステップ❷ 2+7=____
- ステップ❸ 7+6=____
- ____(答え)

⑥ 785×11
- ステップ❶ _ □□ _
- ステップ❷ 7+8=____
- ステップ❸ 8+5=____
- ____(答え)

⑦ 371×11
- ステップ❶ _ □□ _
- ステップ❷ 3+7=____
- ステップ❸ 7+1=____
- ____(答え)

⑧ 802×11
- ステップ❶ _ □□ _
- ステップ❷ 8+0=____
- ステップ❸ 0+2=____
- ____(答え)

4章 インド式かんたん かけ算 スキル⑨

≪練習問題≫

▶答えは152ページ

●次のかけ算の答えを求めましょう。

① 11×271 = ＿＿＿＿

② 105×11 = ＿＿＿＿

③ 536×11 = ＿＿＿＿

④ 11×736 = ＿＿＿＿

⑤ 11×849 = ＿＿＿＿

⑥ 462×11 = ＿＿＿＿

⑦ 612×11 = ＿＿＿＿

⑧ 11×398 = ＿＿＿＿

⑨ 11×859 = ＿＿＿＿

⑩ 742×11 = ＿＿＿＿

⑪ 594×11 = ＿＿＿＿

⑫ 11×272 = ＿＿＿＿

⑬ 11×665 = ＿＿＿＿

⑭ 197×11 = ＿＿＿＿

⑮ 286×11 = ＿＿＿＿

⑯ 11×375 = ＿＿＿＿

⑰ 11×513 = ＿＿＿＿

⑱ 876×11 = ＿＿＿＿

⑲ 423×11 = ＿＿＿＿

⑳ 11×798 = ＿＿＿＿

㉑ 11×483 = ＿＿＿＿

㉒ 108×11 = ＿＿＿＿

㉓ 331×11 = ＿＿＿＿

㉔ 11×694 = ＿＿＿＿

≪練習問題≫

▶答えは152ページ

●次のかけ算の答えを求めましょう。

① 11×774＝_____

② 324×11＝_____

③ 549×11＝_____

④ 11×865＝_____

⑤ 11×259＝_____

⑥ 162×11＝_____

⑦ 485×11＝_____

⑧ 11×628＝_____

⑨ 11×712＝_____

⑩ 565×11＝_____

⑪ 829×11＝_____

⑫ 11×417＝_____

⑬ 11×381＝_____

⑭ 176×11＝_____

⑮ 684×11＝_____

⑯ 11×254＝_____

⑰ 11×532＝_____

⑱ 737×11＝_____

⑲ 403×11＝_____

⑳ 11×814＝_____

㉑ 11×358＝_____

㉒ 138×11＝_____

㉓ 235×11＝_____

㉔ 11×631＝_____

スキル⑩ 2ケタかけ算「魔法のスキル」とは？
「100」を使うと、かけ算はすぐ解ける

「98×97」や「96×97」など、100に近い2ケタの数どうしのかけ算は、むずかしく見えます。ただ、これをササッと解いてしまうのが、インド式計算法の「魔法のスキル」なのです。
このスキルを覚えると、計算力が一気につきますよ！

◎「98×97」を「3つのステップ」で計算してみましょう。

ステップ❶ それぞれの数が100よりいくつ小さいか考えて、図のように並べ、その数どうしをかけ算します。

$$98 = 100 - ②$$
$$97 = 100 - ③$$

→ 98 ②
　 97 ③　　2×3=6

ステップ❷ 2ケタの数から、その数の斜めにある数をひきます。どちらを選んでも同じ答えになるので、ひき算しやすいほうを選びましょう。

98　2　→ 97−2＝95
97　3　→ 98−3＝95

ステップ❸ ステップ❷、ステップ❶の順に答えを並べます。

　　　　　　　　ステップ❷　ステップ❶
　　　答え　　　　95　　　　06

ステップ❶の答えが1ケタの場合は「06」として、2ケタ分のスペースを作ります。答えは9506になります。

もう一度、計算の順序を確認しながら、かけ算をしましょう。

◎「96×94」を「3つのステップ」で計算してみましょう。

ステップ❶　それぞれの数が100よりいくつ小さいか考えて、図のように並べ、その数どうしをかけ算します。

$$\begin{array}{l} 96 = 100 - ④ \\ 94 = 100 - ⑥ \end{array} \Rightarrow \begin{array}{l} 96 \quad ④ \\ 94 \quad ⑥ \end{array} \quad 4 \times 6 = 24$$

ステップ❷　2ケタの数から、その数の斜めにある数をひきます。どちらを選んでも同じ答えになるので、ひき算しやすいほうを選びましょう。

$$\begin{array}{l} 96 \diagdown 4 \\ 94 \diagup 6 \end{array} \longrightarrow \begin{array}{l} 94 - 4 = 90 \\ 96 - 6 = 90 \end{array}$$

ステップ❸　ステップ❷、ステップ❶の順に答えを並べます。

　　　　　　　　ステップ❷　ステップ❶
答え　　（ 90 ）（ 24 ）

答えは9024になります。

ポイント！
まずは、かけ算の九九。次は、ひき算。
最後に、並べるだけ！
インド式のすごさがわかるね！

≪練習問題≫

▶答えは152ページ

●次のかけ算の答えを求めましょう。

① 98×99

- ステップ❶ 98＝100－___㋐
  99＝100－___㋑
  ___㋐×___㋑＝___㋒
- ステップ❷ 98－___㋑＝___㋓
  99－___㋐＝___㋓
- ステップ❸ _____（答え）

② 95×98

- ステップ❶ 95＝100－___㋐
  98＝100－___㋑
  ___㋐×___㋑＝___㋒
- ステップ❷ 95－___㋑＝___㋓
  98－___㋐＝___㋓
- ステップ❸ _____（答え）

③ 97×93

- ステップ❶ 97＝100－___㋐
  93＝100－___㋑
  ___㋐×___㋑＝___㋒
- ステップ❷ 97－___㋑＝___㋓
  93－___㋐＝___㋓
- ステップ❸ _____（答え）

④ 94×91

- ステップ❶ 94＝100－___㋐
  91＝100－___㋑
  ___㋐×___㋑＝___㋒
- ステップ❷ 94－___㋑＝___㋓
  91－___㋐＝___㋓
- ステップ❸ _____（答え）

⑤ 92×95

- ステップ❶ 92＝100－___㋐
  95＝100－___㋑
  ___㋐×___㋑＝___㋒
- ステップ❷ 92－___㋑＝___㋓
  95－___㋐＝___㋓
- ステップ❸ _____（答え）

⑥ 93×93

- ステップ❶ 93＝100－___㋐
  ___㋐×___㋐＝___㋑
- ステップ❷ 93－___㋐＝___㋒
- ステップ❸ _____（答え）

≪練習問題≫

▶答えは152ページ

●次のかけ算の答えを求めましょう。

① 99×92

ステップ① 99 = 100 − ___㋐
　　　　　　92 = 100 − ___㋑
　　　　　　___㋐ × ___㋑ = ___㋒

ステップ② 99 − ___㋑ = ___㋓
　　　　　　92 − ___㋐ = ___㋓

ステップ③ _____(答え)

② 91×93

ステップ① 91 = 100 − ___㋐
　　　　　　93 = 100 − ___㋑
　　　　　　___㋐ × ___㋑ = ___㋒

ステップ② 91 − ___㋑ = ___㋓
　　　　　　93 − ___㋐ = ___㋓

ステップ③ _____(答え)

③ 93×95

ステップ① 93 = 100 − ___㋐
　　　　　　95 = 100 − ___㋑
　　　　　　___㋐ × ___㋑ = ___㋒

ステップ② 93 − ___㋑ = ___㋓
　　　　　　95 − ___㋐ = ___㋓

ステップ③ _____(答え)

④ 96×99

ステップ① 96 = 100 − ___㋐
　　　　　　99 = 100 − ___㋑
　　　　　　___㋐ × ___㋑ = ___㋒

ステップ② 96 − ___㋑ = ___㋓
　　　　　　99 − ___㋐ = ___㋓

ステップ③ _____(答え)

⑤ 95×94

ステップ① 95 = 100 − ___㋐
　　　　　　94 = 100 − ___㋑
　　　　　　___㋐ × ___㋑ = ___㋒

ステップ② 95 − ___㋑ = ___㋓
　　　　　　94 − ___㋐ = ___㋓

ステップ③ _____(答え)

⑥ 97×97

ステップ① 97 = 100 − ___㋐
　　　　　　___㋐ × ___㋐ = ___㋑

ステップ② 97 − ___㋐ = ___㋒

ステップ③ _____(答え)

4章 インド式かんたんかけ算 スキル⑩

≪練習問題≫

▶答えは153ページ

● 次のかけ算の答えを求めましょう。

① 92×96 = _____
② 97×95 = _____
③ 93×99 = _____
④ 95×91 = _____
⑤ 98×98 = _____
⑥ 91×97 = _____
⑦ 99×94 = _____
⑧ 96×93 = _____
⑨ 94×92 = _____
⑩ 95×95 = _____
⑪ 92×98 = _____
⑫ 96×97 = _____
⑬ 99×91 = _____
⑭ 91×96 = _____
⑮ 94×94 = _____
⑯ 98×93 = _____
⑰ 93×92 = _____
⑱ 97×99 = _____
⑲ 96×96 = _____
⑳ 98×94 = _____
㉑ 91×92 = _____
㉒ 95×99 = _____
㉓ 97×94 = _____
㉔ 94×93 = _____

≪練習問題≫

▶答えは153ページ

●次のかけ算の答えを求めましょう。

① 91×91 = _____　　② 98×96 = _____

③ 97×92 = _____　　④ 95×96 = _____

⑤ 92×99 = _____　　⑥ 93×97 = _____

⑦ 94×95 = _____　　⑧ 99×98 = _____

⑨ 91×94 = _____　　⑩ 93×91 = _____

⑪ 92×92 = _____　　⑫ 95×93 = _____

⑬ 98×95 = _____　　⑭ 99×96 = _____

⑮ 94×97 = _____　　⑯ 94×99 = _____

⑰ 91×98 = _____　　⑱ 92×93 = _____

⑲ 99×97 = _____　　⑳ 96×91 = _____

㉑ 93×96 = _____　　㉒ 97×98 = _____

㉓ 99×99 = _____　　㉔ 91×95 = _____

スキル⑪ 「102×104」も魔法のスキルなら一瞬
「100」を使うと、かけ算はすぐ解ける

「102×104」や「102×109」など、100に近い数の3ケタ×3ケタのかけ算も、「魔法のスキル」なら、かんたんに解けます。〈スキル⑪〉は〈スキル⑩〉と計算のやり方はほぼ同じですが、ケタが1つ増えるので、楽しさも大きくなるはずです！

◎「102×104」を「3つのステップ」で計算してみましょう。

ステップ❶ それぞれの数が100よりいくつ大きいか考えて、図のように並べ、その数どうしをかけ算します。

```
102=100+②        102  ②
                         　  2×4=08
104=100+④        104  ④
```

ステップ❷ 3ケタの数に、その数の斜めにある数をたします。どちらを選んでも同じ答えになるので、たし算しやすいほうを選びましょう。

```
102   2  ⟶ 104+2=106
    ✕
104   4  ⟶ 102+4=106
```

ステップ❸ ステップ❷、ステップ❶の順に答えを並べます。

　　　　　　　　　　ステップ❷　ステップ❶
　　　答え　　（106）　（08）

ステップ❶の答えが1ケタの場合は「08」として、2ケタ分のスペースを作ります。答えは10608になります。

もう一度、計算の順序を確認しながら、かけ算をしましょう。

◎「102×109」を「3つのステップ」で計算してみましょう。

ステップ❶ それぞれの数が100よりいくつ大きいか考えて、図のように並べ、その数どうしをかけ算します。

$$102 = 100 + ②$$
$$109 = 100 + ⑨$$
→
102 ②
109 ⑨
$$2 × 9 = 18$$

ステップ❷ 3ケタの数に、その数の斜めにある数をたします。どちらを選んでも同じ答えになるので、たし算しやすいほうを選びましょう。

102 ✕ 2 ⟶ 109 + 2 = 111
109 ╱ 9 ⟶ 102 + 9 = 111

ステップ❸ **ステップ❷**、**ステップ❶**の順に答えを並べます。

答え **ステップ❷** 111 **ステップ❶** 18

答えは11118になります。

信じられない⁉
3ケタ×3ケタのかけ算が、こんなにかんたんにできるなんて驚きだね！たくさん練習して、頭を磨こう！

≪練習問題≫

▶答えは153ページ

● 次のかけ算の答えを求めましょう。

① 101×108

- ステップ❶　101＝100＋__㋐
  　　　　　　108＝100＋__㋑
  　　　　　　__㋐×__㋑＝__㋒
- ステップ❷　101＋__㋑＝__㋓
  　　　　　　108＋__㋐＝__㋓
- ステップ❸　_____（答え）

② 104×102

- ステップ❶　104＝100＋__㋐
  　　　　　　102＝100＋__㋑
  　　　　　　__㋐×__㋑＝__㋒
- ステップ❷　104＋__㋑＝__㋓
  　　　　　　102＋__㋐＝__㋓
- ステップ❸　_____（答え）

③ 103×106

- ステップ❶　103＝100＋__㋐
  　　　　　　106＝100＋__㋑
  　　　　　　__㋐×__㋑＝__㋒
- ステップ❷　103＋__㋑＝__㋓
  　　　　　　106＋__㋐＝__㋓
- ステップ❸　_____（答え）

④ 105×104

- ステップ❶　105＝100＋__㋐
  　　　　　　104＝100＋__㋑
  　　　　　　__㋐×__㋑＝__㋒
- ステップ❷　105＋__㋑＝__㋓
  　　　　　　104＋__㋐＝__㋓
- ステップ❸　_____（答え）

⑤ 108×105

- ステップ❶　108＝100＋__㋐
  　　　　　　105＝100＋__㋑
  　　　　　　__㋐×__㋑＝__㋒
- ステップ❷　108＋__㋑＝__㋓
  　　　　　　105＋__㋐＝__㋓
- ステップ❸　_____（答え）

⑥ 107×107

- ステップ❶　107＝100＋__㋐
  　　　　　　__㋐×__㋐＝__㋑
- ステップ❷　107＋__㋐＝__㋒
- ステップ❸　_____（答え）

≪練習問題≫

▶答えは153ページ

●次のかけ算の答えを求めましょう。

① 106×108

ステップ① 106＝100＋___㋐
　　　　　108＝100＋___㋑
　　　　　___㋐×___㋑＝___㋒

ステップ② 106＋___㋑＝___㋓
　　　　　108＋___㋐＝___㋓

ステップ③ ＿＿＿＿＿＿（答え）

② 109×101

ステップ① 109＝100＋___㋐
　　　　　101＝100＋___㋑
　　　　　___㋐×___㋑＝___㋒

ステップ② 109＋___㋑＝___㋓
　　　　　101＋___㋐＝___㋓

ステップ③ ＿＿＿＿＿＿（答え）

③ 102×103

ステップ① 102＝100＋___㋐
　　　　　103＝100＋___㋑
　　　　　___㋐×___㋑＝___㋒

ステップ② 102＋___㋑＝___㋓
　　　　　103＋___㋐＝___㋓

ステップ③ ＿＿＿＿＿＿（答え）

④ 105×109

ステップ① 105＝100＋___㋐
　　　　　109＝100＋___㋑
　　　　　___㋐×___㋑＝___㋒

ステップ② 105＋___㋑＝___㋓
　　　　　109＋___㋐＝___㋓

ステップ③ ＿＿＿＿＿＿（答え）

⑤ 102×107

ステップ① 102＝100＋___㋐
　　　　　107＝100＋___㋑
　　　　　___㋐×___㋑＝___㋒

ステップ② 102＋___㋑＝___㋓
　　　　　107＋___㋐＝___㋓

ステップ③ ＿＿＿＿＿＿（答え）

⑥ 103×103

ステップ① 103＝100＋___㋐
　　　　　___㋐×___㋐＝___㋑

ステップ② 103＋___㋐＝___㋒

ステップ③ ＿＿＿＿＿＿（答え）

4章　インド式かんたんかけ算　スキル⑪

≪練習問題≫

▶答えは153ページ

● 次のかけ算の答えを求めましょう。

① 104×101 = ＿＿＿＿　　② 108×109 = ＿＿＿＿

③ 101×107 = ＿＿＿＿　　④ 105×105 = ＿＿＿＿

⑤ 109×106 = ＿＿＿＿　　⑥ 102×108 = ＿＿＿＿

⑦ 107×103 = ＿＿＿＿　　⑧ 103×104 = ＿＿＿＿

⑨ 106×102 = ＿＿＿＿　　⑩ 104×107 = ＿＿＿＿

⑪ 107×108 = ＿＿＿＿　　⑫ 102×103 = ＿＿＿＿

⑬ 106×105 = ＿＿＿＿　　⑭ 101×106 = ＿＿＿＿

⑮ 105×101 = ＿＿＿＿　　⑯ 108×104 = ＿＿＿＿

⑰ 109×109 = ＿＿＿＿　　⑱ 103×101 = ＿＿＿＿

⑲ 106×107 = ＿＿＿＿　　⑳ 101×101 = ＿＿＿＿

㉑ 104×106 = ＿＿＿＿　　㉒ 107×109 = ＿＿＿＿

㉓ 103×105 = ＿＿＿＿　　㉔ 108×103 = ＿＿＿＿

≪練習問題≫

▶答えは153ページ

●次のかけ算の答えを求めましょう。

① 104×104＝＿＿＿＿

② 107×105＝＿＿＿＿

③ 109×103＝＿＿＿＿

④ 102×102＝＿＿＿＿

⑤ 105×102＝＿＿＿＿

⑥ 101×109＝＿＿＿＿

⑦ 108×108＝＿＿＿＿

⑧ 106×104＝＿＿＿＿

⑨ 103×107＝＿＿＿＿

⑩ 101×105＝＿＿＿＿

⑪ 102×101＝＿＿＿＿

⑫ 107×102＝＿＿＿＿

⑬ 106×103＝＿＿＿＿

⑭ 109×104＝＿＿＿＿

⑮ 103×102＝＿＿＿＿

⑯ 105×108＝＿＿＿＿

⑰ 108×106＝＿＿＿＿

⑱ 104×102＝＿＿＿＿

⑲ 108×101＝＿＿＿＿

⑳ 104×105＝＿＿＿＿

㉑ 106×106＝＿＿＿＿

㉒ 109×102＝＿＿＿＿

㉓ 105×103＝＿＿＿＿

㉔ 101×104＝＿＿＿＿

コラム③ 謎の数「11」のさらなる謎！
「4ケタのかけ算」で頭を磨く！

この章で、「2ケタの数×11」も、「3ケタの数×11」も、とてもかんたんに計算できることがわかりましたね。

ここでは「4ケタの数×11」の計算に挑戦してみましょう。〈スキル⑧〉、〈スキル⑨〉と考え方は同じです。ヒントは間に作るボックスの数の違いです。

さっそく問題にチャレンジです。（解説は、96、97ページ）

問題①
インドの映画は「ボリウッド」と呼ばれて、人気があるよ。ある映画館は毎日8649人の人が映画を観に来たよ。11日間で映画を観た人は合計何人？

8649×11＝？を計算するね。

問題②
インドでよく飲まれているミルクティー「チャイ」。チャイを飲むために1日11gの茶葉を使うとすると、5475日（約15年）で使う茶葉の量は何g？

問題③

インドを旅行したとき、象に乗ったよ。象に1回乗るのに2483円。11回乗ったら、代金は全部でいくら？

2483×11＝？
を計算するね。

問題④

あるインド料理店では、秘伝のスパイス「ガラムマサラ」を11kg仕入れたよ。ガラムマサラ1kgの値段が6579円のとき、代金はいくら？

ヒント！

「11のかけ算」のステップを思い出せば、かんたんだよ！

4章 インド式かんたんかけ算 コラム③

「11」にかける数が4ケタになっても、計算のしかたは同じです。4ケタの数の間に3つのボックスを作ることがポイントです。

● 問題① 〔8649×11〕の答え

ステップ① 11にかける、4ケタの数の間に、3つボックスを作ります。

8649×11

8☐☐☐9

ステップ② 千の位の数と百の位の数をたすと、2ケタの数14になります。その一の位の「4」を、いちばん左のボックスに入れます。
そして、十の位の「1」は、下のように一万の位にくり上げます。

8649×11

8＋6＝14

一万の位に1をたす → 94☐☐9

ステップ③ 百の位の数と十の位の数も、**ステップ②**と同じ計算をしましょう。

8649×11

6＋4＝10

950☐9

千の位に1をたす

ステップ④ 十の位の数と一の位の数も、**ステップ②**と同じ計算をしましょう。

8649×11

4＋9＝13

95139

百の位に1をたす

答えは95139人（9万5139人）です。

● 問題② 〔11×5475〕の答え
ステップ❶　5□□□5
ステップ❷　5+4=9　　5 9 □□5
ステップ❸　4+7=11　 6 0 1 □5
ステップ❹　7+5=12　 6 0 2 2 5
答えは 60225g（6万225g）です。

● 問題③ 〔2483×11〕の答え
ステップ❶　2□□□3
ステップ❷　2+4=6　　2 6 □□3
ステップ❸　4+8=12　 2 7 2 □3
ステップ❹　8+3=11　 2 7 3 1 3
答えは 27313円（2万7313円）です。

● 問題④ 〔6579×11〕の答え
ステップ❶　6□□□9
ステップ❷　6+5=11　 7 1 □□9
ステップ❸　5+7=12　 7 2 2 □9
ステップ❹　7+9=16　 7 2 3 6 9
答えは 72369円（7万2369円）です。

ポイント！

くり上げを上手にできれば、
あとは、かんたんだね！
頭が磨かれるよ！

4章　インド式かんたん かけ算　コラム③

5章 インド式かんたん かけ算【応用編】

スキル⑫ 「50」「30」「60」に注意！
斜めにたすという「すごいテクニック」

「48×46」や「54×53」など、50に近い2ケタの数どうしのかけ算も、「魔法のスキル」を使えば、かんたんに解けます。〈スキル⑩〉、〈スキル⑪〉と計算のやり方は似ていますが、基準にする数が「100」ではないので、少しだけ注意が必要です！

◎「48×46」を「3つのステップ」で計算してみましょう。

ステップ❶ それぞれの数が50よりいくつ小さいか考えて、図のように並べ、その数どうしをかけ算します。

$$48 = 50 - ② $$
$$46 = 50 - ④$$

→ 48 ②
  46 ④ $2 \times 4 = 8$

ステップ❷ 2ケタの数から、その数の斜めにある数をひいて、その答えを5倍します。

48 ╲ 2 ⟶ 46 − 2 = ㊹
46 ╱ 4 ⟶ 48 − 4 = ㊹   どちらも同じ！

$44 \times \underline{5} = 220$　　50の「5」

ステップ❸ ステップ❷、ステップ❶の順に答えを並べます。

答え　(220)　(8)
　　　ステップ❷　ステップ❶

答えは2208になります。

◎「54×53」を「3つのステップ」で計算してみましょう。

ステップ❶ それぞれの数が50よりいくつ大きいか考えて、図のように並べて、その数どうしをかけ算します。

$$54 = 50 + ④$$
$$53 = 50 + ③$$
→
54　④
53　③
　　　$4 × 3 = 12$

ステップ❷ 2ケタの数に、その数の斜めにある数をたして、その答えを5倍します。

54　　4 ⟶ $53 + 4 = 57$
53　　3 ⟶ $54 + 3 = 57$　　どちらも同じ！

$$57 × \underline{5} = 285$$
　　　50の「5」

ステップ❸ **ステップ❷**、**ステップ❶**の順に答えを並べます。
ステップ❶のかけ算の答えが2ケタなので、十の位の「2」は**ステップ❷**の答えの一の位にくり上げます。

答え　**ステップ❷** 286　**ステップ❶** 2

「285」の一の位の数に、「12」の「1」をたす

答えは2862になります。

「36×33」や、「59×57」など、「30」や「60」に近い2ケタどうしのかけ算も、同じ方法で、かんたんに解けてしまいます。

◎「36×33」を「3つのステップ」で計算してみましょう。

ステップ❶ それぞれの数が30よりいくつ大きいか考えて、図のように並べて、その数どうしをかけ算します。

$$36 = 30 + ⑥$$
$$33 = 30 + ③$$
→
$$36 \quad 6$$
$$33 \quad 3$$
$$6 \times 3 = 18$$

ステップ❷ 2ケタの数に、その数の斜めにある数をたして、その答えを3倍します。

$$36 \diagdown 6 \longrightarrow 33 + 6 = 39$$
$$33 \diagup 3 \longrightarrow 36 + 3 = 39$$

どちらも同じ！

$$39 \times \underline{3} = 117$$
　　　　30の「3」

ステップ❸ **ステップ❷**、**ステップ❶**の順に答えを並べます。
　ステップ❶のかけ算の答えが2ケタなので、十の位の「1」は**ステップ❷**の答えの一の位にくり上げます。

答え　**ステップ❷** 118　**ステップ❶** 8

「117」の一の位の数に、「18」の「1」をたす

答えは1188になります。

◎「59×57」を「3つのステップ」で計算してみましょう。

ステップ① それぞれの数が60よりいくつ小さいか考えて、図のように並べて、その数どうしをかけ算します。

$$59 = 60 - ① \\ 57 = 60 - ③$$ → 59 ① / 57 ③ 1×3 = 3

ステップ② 2ケタの数に、その数の斜めにある数をひいて、その答えを6倍します。

59 × 1 → 57 − 1 = 56
57 × 3 → 59 − 3 = 56 どちらも同じ！

56 × 6 = 336
　　60の「6」

ステップ③ ステップ②、ステップ①の順に答えを並べます。

答え　ステップ② 336　ステップ① 3

答えは 3363 になります。

ポイント！ 基準にする数が変わるだけだね。計算法は全部いっしょだね！

≪練習問題≫

▶答えは154ページ

●次のかけ算の答えを求めましょう。

① 49×45

ステップ❶　49 = 50 − ___㋐
　　　　　　45 = 50 − ___㋑
　　　　　　___㋐ × ___㋑ = ___㋒

ステップ❷　49 − ___㋑ = ___㋓
　　　　　　45 − ___㋐ = ___㋓
　　　　　　___㋓ × 5 = ___㋔

ステップ❸　_____（答え）

② 54×52

ステップ❶　54 = 50 + ___㋐
　　　　　　52 = 50 + ___㋑
　　　　　　___㋐ × ___㋑ = ___㋒

ステップ❷　54 + ___㋑ = ___㋓
　　　　　　52 + ___㋐ = ___㋓
　　　　　　___㋓ × 5 = ___㋔

ステップ❸　_____（答え）

③ 47×48

ステップ❶　47 = 50 − ___㋐
　　　　　　48 = 50 − ___㋑
　　　　　　___㋐ × ___㋑ = ___㋒

ステップ❷　47 − ___㋑ = ___㋓
　　　　　　48 − ___㋐ = ___㋓
　　　　　　___㋓ × 5 = ___㋔

ステップ❸　_____（答え）

④ 53×56

ステップ❶　53 = 50 + ___㋐
　　　　　　56 = 50 + ___㋑
　　　　　　___㋐ × ___㋑ = ___㋒

ステップ❷　53 + ___㋑ = ___㋓
　　　　　　56 + ___㋐ = ___㋓
　　　　　　___㋓ × 5 = ___㋔

ステップ❸　_____（答え）

⑤ 52×55

ステップ❶　52 = 50 + ___㋐
　　　　　　55 = 50 + ___㋑
　　　　　　___㋐ × ___㋑ = ___㋒

ステップ❷　52 + ___㋑ = ___㋓
　　　　　　55 + ___㋐ = ___㋓
　　　　　　___㋓ × 5 = ___㋔

ステップ❸　_____（答え）

⑥ 46×45

ステップ❶　46 = 50 − ___㋐
　　　　　　45 = 50 − ___㋑
　　　　　　___㋐ × ___㋑ = ___㋒

ステップ❷　46 − ___㋑ = ___㋓
　　　　　　45 − ___㋐ = ___㋓
　　　　　　___㋓ × 5 = ___㋔

ステップ❸　_____（答え）

≪練習問題≫

▶答えは154ページ

●次のかけ算の答えを求めましょう。

① 29×28
- ステップ❶ 29＝30－___㋐
  28＝30－___㋑
  ___㋐×___㋑＝___㋒
- ステップ❷ 29－___㋑＝___㋓
  28－___㋐＝___㋓
  ___㋓×3＝___㋔
- ステップ❸ _____（答え）

② 32×33
- ステップ❶ 32＝30＋___㋐
  33＝30＋___㋑
  ___㋐×___㋑＝___㋒
- ステップ❷ 32＋___㋑＝___㋓
  33＋___㋐＝___㋓
  ___㋓×3＝___㋔
- ステップ❸ _____（答え）

③ 25×27
- ステップ❶ 25＝30－___㋐
  27＝30－___㋑
  ___㋐×___㋑＝___㋒
- ステップ❷ 25－___㋑＝___㋓
  27－___㋐＝___㋓
  ___㋓×3＝___㋔
- ステップ❸ _____（答え）

④ 61×64
- ステップ❶ 61＝60＋___㋐
  64＝60＋___㋑
  ___㋐×___㋑＝___㋒
- ステップ❷ 61＋___㋑＝___㋓
  64＋___㋐＝___㋓
  ___㋓×6＝___㋔
- ステップ❸ _____（答え）

⑤ 57×56
- ステップ❶ 57＝60－___㋐
  56＝60－___㋑
  ___㋐×___㋑＝___㋒
- ステップ❷ 57－___㋑＝___㋓
  56－___㋐＝___㋓
  ___㋓×6＝___㋔
- ステップ❸ _____（答え）

⑥ 62×67
- ステップ❶ 62＝60＋___㋐
  67＝60＋___㋑
  ___㋐×___㋑＝___㋒
- ステップ❷ 62＋___㋑＝___㋓
  67＋___㋐＝___㋓
  ___㋓×6＝___㋔
- ステップ❸ _____（答え）

5章 インド式かんたん かけ算 スキル⑫

≪練習問題≫

▶答えは154ページ

● 次のかけ算の答えを求めましょう。

① 48×49＝ _____　　② 34×31＝ _____

③ 58×56＝ _____　　④ 47×44＝ _____

⑤ 32×35＝ _____　　⑥ 65×63＝ _____

⑦ 46×43＝ _____　　⑧ 28×26＝ _____

⑨ 61×67＝ _____　　⑩ 55×51＝ _____

⑪ 28×24＝ _____　　⑫ 59×56＝ _____

⑬ 48×44＝ _____　　⑭ 33×32＝ _____

⑮ 66×62＝ _____　　⑯ 47×46＝ _____

⑰ 24×29＝ _____　　⑱ 58×54＝ _____

⑲ 53×55＝ _____　　⑳ 26×24＝ _____

㉑ 62×61＝ _____　　㉒ 54×55＝ _____

㉓ 33×35＝ _____　　㉔ 64×67＝ _____

≪練習問題≫

▶答えは154ページ

●次のかけ算の答えを求めましょう。

① 47×49＝_____

② 27×23＝_____

③ 58×55＝_____

④ 53×51＝_____

⑤ 31×36＝_____

⑥ 63×67＝_____

⑦ 45×44＝_____

⑧ 29×26＝_____

⑨ 62×64＝_____

⑩ 49×43＝_____

⑪ 32×37＝_____

⑫ 59×54＝_____

⑬ 52×56＝_____

⑭ 27×24＝_____

⑮ 64×66＝_____

⑯ 53×57＝_____

⑰ 34×35＝_____

⑱ 61×65＝_____

⑲ 47×43＝_____

⑳ 34×36＝_____

㉑ 58×57＝_____

㉒ 51×57＝_____

㉓ 34×33＝_____

㉔ 64×65＝_____

スキル⑬ 「75²」「135²」…2乗の計算
インド式なら一瞬で解ける！

「75²」や「135²」など、一の位の数が「5」である数の2乗の答えを、一瞬で求めてしまう方法を紹介します。インド式計算法を使うととてもかんたんなので、さらに楽しくなってきますよ。

〈スキル⑬〉を使う前に、〈スキル④〉
（42、43ページ）を復習しておきましょう。

> 〈スキル④〉を使うには…
> ① 十の位の数が同じであること
> ② 一の位の数どうしをたすと10になること

このような数の組み合わせをみつけたら、3つのステップで計算することができました。

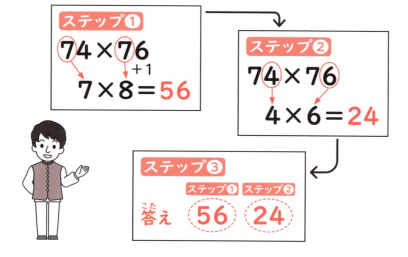

一の位の数が「5」である数の2乗の計算は〈スキル④〉の応用編です。それでは同じステップで計算してみましょう。

◎「75²」を「3つのステップ」で計算してみましょう。

ステップ❶
十の位の数と十の位の数に1をたした数をかけます。

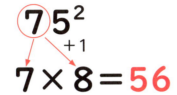

$7 × 8 = 56$

ステップ❷
一の位の数の2乗、つまり、5×5を計算します。

$5 × 5 = 25$

ステップ❸
ステップ❶、ステップ❷の順に答えを並べます。

答えは5625になります。

ヒント！

$75^2 = 75 × 75$
と考えると、〈スキル④〉がスムーズに使えるね！

〈スキル⑬〉を、「135²」など、一の位の数が「5」で百の位の数が「1」の3ケタの数の2乗の計算にも使ってみましょう。
　この場合、〈スキル⑬〉の ステップ❶ は、19までの「2ケタ×2ケタ」のかけ算になるので、〈スキル③〉（36、37ページ）を使います。ここでもう一度復習しておきましょう。

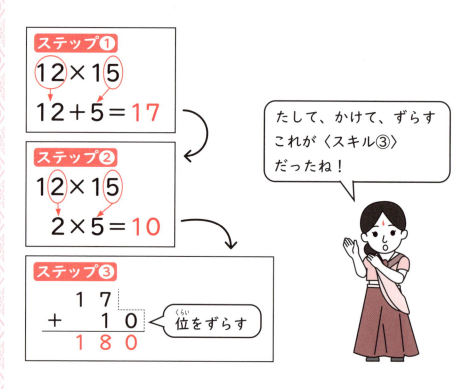

復習！　〈スキル③〉は11から19までの2ケタのかけ算で使えるスキルだったね！

◎「135²」を「3つのステップ」で計算してみましょう。

ステップ❶
上から2ケタの数とその数に1をたした数をかけます。

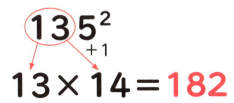

$$13 \times 14 = 182$$

ステップ❷
一の位の数の2乗、つまり、5×5を計算します。

$$5 \times 5 = 25$$

ステップ❸
ステップ❶、ステップ❷ の順に答えを並べます。

答え (182)(25)
　　ステップ❶ ステップ❷

答えは18225になります。

ポイント！

一の位の数が「5」である数の2乗の計算は、楽しいね。同じ問題をくり返し解くだけでも頭が磨かれるよ！

≪練習問題≫

▶答えは155ページ

●次のかけ算の答えを求めましょう。

① 45^2
- ステップ❶　$4 × 5 =$ ___
- ステップ❷　$5 × 5 =$ ___
- ステップ❸　___（答え）

② 55^2
- ステップ❶　$5 × 6 =$ ___
- ステップ❷　$5 × 5 =$ ___
- ステップ❸　___（答え）

③ 85^2
- ステップ❶　$8 × 9 =$ ___
- ステップ❷　$5 × 5 =$ ___
- ステップ❸　___（答え）

④ 35^2
- ステップ❶　$3 × 4 =$ ___
- ステップ❷　$5 × 5 =$ ___
- ステップ❸　___（答え）

⑤ 125^2
- ステップ❶　$12 × 13 =$ ___
- ステップ❷　$5 × 5 =$ ___
- ステップ❸　___（答え）

⑥ 105^2
- ステップ❶　$10 × 11 =$ ___
- ステップ❷　$5 × 5 =$ ___
- ステップ❸　___（答え）

⑦ 165^2
- ステップ❶　$16 × 17 =$ ___
- ステップ❷　$5 × 5 =$ ___
- ステップ❸　___（答え）

⑧ 115^2
- ステップ❶　$11 × 12 =$ ___
- ステップ❷　$5 × 5 =$ ___
- ステップ❸　___（答え）

≪練習問題≫

▶答えは155ページ

●次のかけ算の答えを求めましょう。

① 25^2
- ステップ❶ $2 \times 3 =$ _____
- ステップ❷ $5 \times 5 =$ _____
- ステップ❸ _____(答え)

② 155^2
- ステップ❶ $15 \times 16 =$ _____
- ステップ❷ $5 \times 5 =$ _____
- ステップ❸ _____(答え)

③ 185^2
- ステップ❶ $18 \times 19 =$ _____
- ステップ❷ $5 \times 5 =$ _____
- ステップ❸ _____(答え)

④ 65^2
- ステップ❶ $6 \times 7 =$ _____
- ステップ❷ $5 \times 5 =$ _____
- ステップ❸ _____(答え)

⑤ 95^2
- ステップ❶ $9 \times 10 =$ _____
- ステップ❷ $5 \times 5 =$ _____
- ステップ❸ _____(答え)

⑥ 145^2
- ステップ❶ $14 \times 15 =$ _____
- ステップ❷ $5 \times 5 =$ _____
- ステップ❸ _____(答え)

⑦ 175^2
- ステップ❶ $17 \times 18 =$ _____
- ステップ❷ $5 \times 5 =$ _____
- ステップ❸ _____(答え)

⑧ 15^2
- ステップ❶ $1 \times 2 =$ _____
- ステップ❷ $5 \times 5 =$ _____
- ステップ❸ _____(答え)

5章 インド式かんたんかけ算 スキル⑬

≪練習問題≫

▶答えは155ページ

●次のかけ算の答えを求めましょう。

① $85^2 =$ _____

② $125^2 =$ _____

③ $165^2 =$ _____

④ $15^2 =$ _____

⑤ $45^2 =$ _____

⑥ $135^2 =$ _____

⑦ $175^2 =$ _____

⑧ $95^2 =$ _____

⑨ $35^2 =$ _____

⑩ $105^2 =$ _____

⑪ $155^2 =$ _____

⑫ $75^2 =$ _____

⑬ $25^2 =$ _____

⑭ $115^2 =$ _____

⑮ $145^2 =$ _____

⑯ $55^2 =$ _____

≪練習問題≫

▶答えは155ページ

●次のかけ算の答えを求めましょう。

① $65^2 =$ _____

② $185^2 =$ _____

③ $115^2 =$ _____

④ $25^2 =$ _____

⑤ $55^2 =$ _____

⑥ $175^2 =$ _____

⑦ $135^2 =$ _____

⑧ $45^2 =$ _____

⑨ $95^2 =$ _____

⑩ $105^2 =$ _____

⑪ $165^2 =$ _____

⑫ $75^2 =$ _____

⑬ $35^2 =$ _____

⑭ $145^2 =$ _____

⑮ $125^2 =$ _____

⑯ $85^2 =$ _____

「136×134」…似ている数のかけ算
3ケタでも、すごくかんたん！

「136×134」と「171×179」、この2つのかけ算に隠されている秘密を見つけられますか？

インド式計算法をここまでやってきたみなさんなら、かんたんにその秘密を見つけられるはずです。

この〈スキル⑭〉は、「4ケタ×4ケタ」、「5ケタ×5ケタ」とケタの数が増えても、使うことができてとても便利です。ここでしっかり秘密を探っておきましょう。

① 百の位の数と十の位の数がそれぞれ等しい

② 一の位の数の和が10

そんな数の組み合わせだね！

この2つの秘密、どこかで見たことはありませんか？　これまでに、これと同じような秘密を見ませんでしたか？

そうです。〈スキル⑭〉の2つの秘密は、〈スキル④〉（42、43ページ）の2つの秘密と、とてもよく似ているのです。

〈スキル④〉の2つの秘密
1 十の位の数が同じであること
2 一の位の数どうしをたすと10になること

ではここで、もう一度〈スキル④〉を復習しておきましょう。

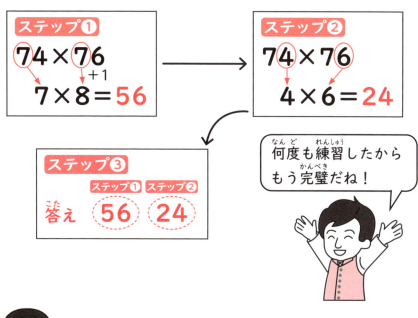

似ている数の3ケタの数のかけ算を見つけたら、まず、一の位を見ることが大事なんだね！

◎「136×134」を「3つのステップ」で計算してみましょう。

ステップ❶
上から2ケタの数とその数に1をたした数をかけます。

136×134
　　　+1

13×14＝**182**

〈スキル④〉の ステップ❶ のように、13と13に1をたした数をかけよう！
13×14 は〈スキル③〉を使えば、かんたんに解けるね！

ステップ❷
一の位どうしのかけ算をします。

136×134

6×4＝**24**

ステップ❸
ステップ❶、ステップ❷の順に答えを並べます。

　　　　　　ステップ❶　ステップ❷
答え　　　182　　24

答えは18224になります。

◎「171 × 179」を「3つのステップ」で計算してみましょう。

ステップ❶
上から2ケタの数とその数に1をたした数をかけます。

$$171 \times 179$$
$$17 \times 18 = 306$$

ステップ❷
一の位どうしのかけ算をします。

$$171 \times 179$$
$$1 \times 9 = 09$$

ステップ❸
ステップ❶、**ステップ❷** の順に答えを並べます。

答え　**ステップ❶** 306　**ステップ❷** 09

答えは30609になります。

ポイント！
インド式計算法の〈スキル④〉と〈スキル③〉を使いこなすと、いろいろなかけ算が楽しめるね！

≪練習問題≫

▶答えは155ページ

● 次のかけ算の答えを求めましょう。

① 123×127
- ステップ❶ 12×13＝＿＿＿
- ステップ❷ 3×7＝＿＿＿
- ステップ❸ ＿＿＿＿＿（答え）

② 154×156
- ステップ❶ 15×16＝＿＿＿
- ステップ❷ 4×6＝＿＿＿
- ステップ❸ ＿＿＿＿＿（答え）

③ 189×181
- ステップ❶ 18×19＝＿＿＿
- ステップ❷ 9×1＝＿＿＿
- ステップ❸ ＿＿＿＿＿（答え）

④ 117×113
- ステップ❶ 11×12＝＿＿＿
- ステップ❷ 7×3＝＿＿＿
- ステップ❸ ＿＿＿＿＿（答え）

⑤ 162×168
- ステップ❶ 16×17＝＿＿＿
- ステップ❷ 2×8＝＿＿＿
- ステップ❸ ＿＿＿＿＿（答え）

⑥ 187×183
- ステップ❶ 18×19＝＿＿＿
- ステップ❷ 7×3＝＿＿＿
- ステップ❸ ＿＿＿＿＿（答え）

⑦ 106×104
- ステップ❶ 10×11＝＿＿＿
- ステップ❷ 6×4＝＿＿＿
- ステップ❸ ＿＿＿＿＿（答え）

⑧ 138×132
- ステップ❶ 13×14＝＿＿＿
- ステップ❷ 8×2＝＿＿＿
- ステップ❸ ＿＿＿＿＿（答え）

⑨ 173×177
- ステップ❶ 17×18＝＿＿＿
- ステップ❷ 3×7＝＿＿＿
- ステップ❸ ＿＿＿＿＿（答え）

⑩ 149×141
- ステップ❶ 14×15＝＿＿＿
- ステップ❷ 9×1＝＿＿＿
- ステップ❸ ＿＿＿＿＿（答え）

《練習問題》　▶答えは155ページ

●次のかけ算の答えを求めましょう。

① 102×108
- ステップ❶　10×11＝____
- ステップ❷　2×8＝____
- ステップ❸　____（答え）

② 181×189
- ステップ❶　18×19＝____
- ステップ❷　1×9＝____
- ステップ❸　____（答え）

③ 176×174
- ステップ❶　17×18＝____
- ステップ❷　6×4＝____
- ステップ❸　____（答え）

④ 111×119
- ステップ❶　11×12＝____
- ステップ❷　1×9＝____
- ステップ❸　____（答え）

⑤ 163×167
- ステップ❶　16×17＝____
- ステップ❷　3×7＝____
- ステップ❸　____（答え）

⑥ 148×142
- ステップ❶　14×15＝____
- ステップ❷　8×2＝____
- ステップ❸　____（答え）

⑦ 129×121
- ステップ❶　12×13＝____
- ステップ❷　9×1＝____
- ステップ❸　____（答え）

⑧ 184×186
- ステップ❶　18×19＝____
- ステップ❷　4×6＝____
- ステップ❸　____（答え）

⑨ 153×157
- ステップ❶　15×16＝____
- ステップ❷　3×7＝____
- ステップ❸　____（答え）

⑩ 139×131
- ステップ❶　13×14＝____
- ステップ❷　9×1＝____
- ステップ❸　____（答え）

5章　インド式かんたんかけ算　スキル⑭

≪練習問題≫

▶答えは156ページ

●次のかけ算の答えを求めましょう。

① 128×122＝_____　　② 174×176＝_____

③ 172×178＝_____　　④ 137×133＝_____

⑤ 146×144＝_____　　⑥ 151×159＝_____

⑦ 182×188＝_____　　⑧ 107×103＝_____

⑨ 169×161＝_____　　⑩ 114×116＝_____

⑪ 101×109＝_____　　⑫ 126×124＝_____

⑬ 171×179＝_____　　⑭ 152×158＝_____

⑮ 147×143＝_____　　⑯ 166×164＝_____

≪練習問題≫

▶答えは156ページ

●次のかけ算の答えを求めましょう。

① 183×187＝_____

② 118×112＝_____

③ 179×171＝_____

④ 134×136＝_____

⑤ 141×149＝_____

⑥ 156×154＝_____

⑦ 127×123＝_____

⑧ 104×106＝_____

⑨ 168×162＝_____

⑩ 167×163＝_____

⑪ 113×117＝_____

⑫ 135×135＝_____

⑬ 142×148＝_____

⑭ 119×111＝_____

⑮ 186×184＝_____

⑯ 157×153＝_____

6章　インド式かんたん「まとめテスト」

インド式たし算・ひき算〈スキル①〉・〈スキル②〉
「計算力」どこまでついたかな？

　最後の章は「まとめテスト」です。
　まずは「インド式たし算」の〈スキル①〉と「インド式ひき算」の〈スキル②〉。
　12～15ページ、22～25ページを読みかえしてから、挑戦してみましょう。

1 次の数のいちばん近い「キリのよい数」と「補数」を答えましょう。　　　　　　　　　　　　　　▶答えは156ページ

① 89
　　キリのよい数＿＿＿
　　補数＿＿＿

② 58
　　キリのよい数＿＿＿
　　補数＿＿＿

③ 36
　　キリのよい数＿＿＿
　　補数＿＿＿

④ 97
　　キリのよい数＿＿＿
　　補数＿＿＿

⑤ 28
　　キリのよい数＿＿＿
　　補数＿＿＿

⑥ 79
　　キリのよい数＿＿＿
　　補数＿＿＿

⑦ 47
　　キリのよい数＿＿＿
　　補数＿＿＿

⑧ 66
　　キリのよい数＿＿＿
　　補数＿＿＿

2 次のたし算・ひき算の答えを求めましょう。

▶答えは156ページ

① 15＋66＝_____   ② 83－68＝_____

③ 96－69＝_____   ④ 36＋47＝_____

⑤ 74＋18＝_____   ⑥ 55－16＝_____

⑦ 64－37＝_____   ⑧ 28＋59＝_____

⑨ 15＋77＝_____   ⑩ 95－86＝_____

⑪ 74－49＝_____   ⑫ 16＋48＝_____

⑬ 15＋26＝_____   ⑭ 97－38＝_____

⑮ 84－76＝_____   ⑯ 25＋57＝_____

⑰ 61＋19＝_____   ⑱ 83－46＝_____

⑲ 78－29＝_____   ⑳ 54＋36＝_____

㉑ 34＋27＝_____   ㉒ 96－28＝_____

㉓ 32－17＝_____   ㉔ 36＋39＝_____

3 次のたし算・ひき算の答えを求めましょう。

▶答えは156ページ

① 24＋16＝_____   ② 43－39＝_____

③ 94－78＝_____   ④ 25＋37＝_____

⑤ 17＋58＝_____   ⑥ 65－47＝_____

⑦ 85－18＝_____   ⑧ 45＋29＝_____

⑨ 24＋67＝_____   ⑩ 72－36＝_____

⑪ 85－59＝_____   ⑫ 45＋46＝_____

⑬ 45＋38＝_____   ⑭ 83－27＝_____

⑮ 92－48＝_____   ⑯ 14＋76＝_____

⑰ 23＋28＝_____   ⑱ 76－57＝_____

⑲ 97－19＝_____   ⑳ 13＋17＝_____

㉑ 27＋49＝_____   ㉒ 41－26＝_____

㉓ 91－87＝_____   ㉔ 24＋56＝_____

インド式 かけ算〈スキル③〉・〈スキル④〉
「計算力」どこまでついたかな？

次は「インド式かけ算」の〈スキル③〉と〈スキル④〉。

36、37ページ、42、43ページを読みかえしてから、挑戦してみましょう。

1 「インド式かけ算」の〈スキル③〉と〈スキル④〉で、次のかけ算の答えを求めましょう。

▶答えは156ページ

① 15×18＝_____　　② 82×88＝_____

③ 36×34＝_____　　④ 13×17＝_____

⑤ 19×12＝_____　　⑥ 69×61＝_____

⑦ 95×95＝_____　　⑧ 11×14＝_____

⑨ 17×19＝_____　　⑩ 77×73＝_____

⑪ 42×48＝_____　　⑫ 12×17＝_____

⑬ 18×19＝_____　　⑭ 21×29＝_____

2 「インド式かけ算」の〈スキル③〉と〈スキル④〉で、次のかけ算の答えを求めましょう。　▶答えは156ページ

① 16×17＝_____　　② 93×97＝_____

③ 24×26＝_____　　④ 14×18＝_____

⑤ 19×13＝_____　　⑥ 79×71＝_____

⑦ 57×53＝_____　　⑧ 11×13＝_____

⑨ 15×12＝_____　　⑩ 45×45＝_____

⑪ 66×64＝_____　　⑫ 12×11＝_____

⑬ 18×18＝_____　　⑭ 81×89＝_____

⑮ 32×38＝_____　　⑯ 17×15＝_____

⑰ 16×12＝_____　　⑱ 96×94＝_____

⑲ 75×75＝_____　　⑳ 14×14＝_____

㉑ 19×16＝_____　　㉒ 41×49＝_____

㉓ 35×35＝_____　　㉔ 14×17＝_____

3 「インド式かけ算」の〈スキル③〉と〈スキル④〉で、次のかけ算の答えを求めましょう。　▶答えは 156〜157 ページ

① 12×13＝_____　　　② 65×65＝_____

③ 51×59＝_____　　　④ 13×18＝_____

⑤ 17×11＝_____　　　⑥ 27×23＝_____

⑦ 72×78＝_____　　　⑧ 18×16＝_____

⑨ 15×14＝_____　　　⑩ 86×84＝_____

⑪ 25×25＝_____　　　⑫ 14×19＝_____

⑬ 13×16＝_____　　　⑭ 54×56＝_____

⑮ 92×98＝_____　　　⑯ 16×15＝_____

⑰ 11×11＝_____　　　⑱ 47×43＝_____

⑲ 55×55＝_____　　　⑳ 17×18＝_____

㉑ 19×15＝_____　　　㉒ 62×68＝_____

㉓ 39×31＝_____　　　㉔ 11×19＝_____

インド式 かけ算 〈スキル⑤〉・〈スキル⑥〉
「計算力」どこまでついたかな？

次は「インド式かけ算」の〈スキル⑤〉と〈スキル⑥〉。

48、49ページ、54、55ページを読みかえしてから、挑戦してみましょう。

1 「インド式かけ算」の〈スキル⑤〉と〈スキル⑥〉で、次のかけ算の答えを求めましょう。

▶答えは157ページ

① 42×62＝＿＿＿＿

② 99×65＝＿＿＿＿

③ 38×99＝＿＿＿＿

④ 78×38＝＿＿＿＿

⑤ 11×91＝＿＿＿＿

⑥ 43×99＝＿＿＿＿

⑦ 99×89＝＿＿＿＿

⑧ 55×55＝＿＿＿＿

⑨ 23×83＝＿＿＿＿

⑩ 99×71＝＿＿＿＿

⑪ 12×99＝＿＿＿＿

⑫ 61×41＝＿＿＿＿

⑬ 57×57＝＿＿＿＿

⑭ 99×40＝＿＿＿＿

2 「インド式かけ算」の〈スキル⑤〉と〈スキル⑥〉で、次のかけ算の答えを求めましょう。　▶答えは157ページ

① 98×99＝ _____　　② 94×14＝ _____

③ 33×73＝ _____　　④ 75×99＝ _____

⑤ 99×18＝ _____　　⑥ 48×68＝ _____

⑦ 82×22＝ _____　　⑧ 99×53＝ _____

⑨ 61×99＝ _____　　⑩ 75×35＝ _____

⑪ 18×98＝ _____　　⑫ 82×99＝ _____

⑬ 99×57＝ _____　　⑭ 29×89＝ _____

⑮ 54×54＝ _____　　⑯ 99×14＝ _____

⑰ 29×99＝ _____　　⑱ 88×28＝ _____

⑲ 31×71＝ _____　　⑳ 60×99＝ _____

㉑ 99×58＝ _____　　㉒ 63×43＝ _____

㉓ 56×56＝ _____　　㉔ 84×99＝ _____

3 「インド式かけ算」の〈スキル⑤〉と〈スキル⑥〉で、次のかけ算の答えを求めましょう。　▶答えは157ページ

① 99×36＝_____　　② 65×45＝_____

③ 39×79＝_____　　④ 99×91＝_____

⑤ 55×99＝_____　　⑥ 16×96＝_____

⑦ 87×27＝_____　　⑧ 47×99＝_____

⑨ 99×83＝_____　　⑩ 52×52＝_____

⑪ 76×36＝_____　　⑫ 99×27＝_____

⑬ 76×99＝_____　　⑭ 84×24＝_____

⑮ 25×85＝_____　　⑯ 24×99＝_____

⑰ 99×79＝_____　　⑱ 97×17＝_____

⑲ 59×59＝_____　　⑳ 99×46＝_____

㉑ 32×99＝_____　　㉒ 46×66＝_____

㉓ 99×19＝_____　　㉔ 90×99＝_____

インド式 かけ算〈スキル⑦〉・〈スキル⑧〉
「計算力」どこまでついたかな？

次は「インド式かけ算」の〈スキル⑦〉と〈スキル⑧〉。

60、61ページ、70、71ページを読みかえしてから、挑戦してみましょう。

〈スキル⑦〉の問題は、3つのステップで計算します。1つひとつのステップを確実に進めましょう。

〈スキル⑧〉の問題は、11と2ケタの数のかけ算です。

ステップ❷の計算の答えが2ケタになる場合は、くり上げを忘れないようにしましょう。

1　「インド式かけ算」の〈スキル⑦〉と〈スキル⑧〉で、次のかけ算の答えを求めましょう。

▶答えは157ページ

① 999×591＝_____　　② 24×11＝_____

③ 11×76＝_____　　④ 202×999＝_____

⑤ 999×887＝_____　　⑥ 11×38＝_____

⑦ 61×11＝_____　　⑧ 344×999＝_____

2 「インド式かけ算」の〈スキル⑦〉と〈スキル⑧〉で、次のかけ算の答えを求めましょう。　▶答えは157ページ

① 999×547＝_____　　② 78×11＝_____

③ 11×53＝_____　　④ 999×415＝_____

⑤ 139×999＝_____　　⑥ 11×21＝_____

⑦ 66×11＝_____　　⑧ 312×999＝_____

⑨ 999×711＝_____　　⑩ 89×11＝_____

⑪ 11×35＝_____　　⑫ 999×973＝_____

⑬ 508×999＝_____　　⑭ 11×49＝_____

⑮ 41×11＝_____　　⑯ 378×999＝_____

⑰ 999×171＝_____　　⑱ 15×11＝_____

⑲ 11×82＝_____　　⑳ 999×689＝_____

㉑ 257×999＝_____　　㉒ 67×11＝_____

㉓ 11×33＝_____　　㉔ 999×626＝_____

3 「インド式かけ算」の〈スキル⑦〉と〈スキル⑧〉で、次のかけ算の答えを求めましょう。 ▶答えは157～158ページ

① 499×999＝＿＿＿＿＿

② 11×42＝＿＿＿＿＿

③ 88×11＝＿＿＿＿＿

④ 852×999＝＿＿＿＿＿

⑤ 999×635＝＿＿＿＿＿

⑥ 58×11＝＿＿＿＿＿

⑦ 11×17＝＿＿＿＿＿

⑧ 999×824＝＿＿＿＿＿

⑨ 145×999＝＿＿＿＿＿

⑩ 11×71＝＿＿＿＿＿

⑪ 27×11＝＿＿＿＿＿

⑫ 753×999＝＿＿＿＿＿

⑬ 999×461＝＿＿＿＿＿

⑭ 85×11＝＿＿＿＿＿

⑮ 11×37＝＿＿＿＿＿

⑯ 999×286＝＿＿＿＿＿

⑰ 904×999＝＿＿＿＿＿

⑱ 11×43＝＿＿＿＿＿

⑲ 12×11＝＿＿＿＿＿

⑳ 568×999＝＿＿＿＿＿

㉑ 999×793＝＿＿＿＿＿

㉒ 54×11＝＿＿＿＿＿

㉓ 11×73＝＿＿＿＿＿

㉔ 999×926＝＿＿＿＿＿

インド式 かけ算 〈スキル⑨〉・〈スキル⑩〉
「計算力」どこまでついたかな？

　次は「インド式かけ算」の〈スキル⑨〉と〈スキル⑩〉。
　76、77ページ、82、83ページを読みかえしてから、挑戦してみましょう。
　〈スキル⑨〉は、〈スキル⑧〉と計算のやり方は同じです。ただ、ケタが1つ増えるので、ステップも1つ増えて3つになります。
　くり上がりが2回あると、少しむずかしくなりますね。
　ただ、慣れれば暗算できるようになりますよ。
　〈スキル⑩〉の100に近い2ケタの数どうしのかけ算は、ステップ❶で「それぞれの数が100よりいくつ小さいか」を考えます。

1　「インド式かけ算」の〈スキル⑨〉と〈スキル⑩〉で、次のかけ算の答えを求めましょう。

▶答えは158ページ

① 11×306＝＿＿＿＿　　② 92×93＝＿＿＿＿

③ 97×94＝＿＿＿＿　　④ 527×11＝＿＿＿＿

⑤ 11×835＝＿＿＿＿　　⑥ 93×93＝＿＿＿＿

⑦ 96×99＝＿＿＿＿　　⑧ 298×11＝＿＿＿＿

2 「インド式かけ算」の〈スキル⑨〉と〈スキル⑩〉で、次のかけ算の答えを求めましょう。

▶答えは158ページ

① 11×112＝＿＿＿＿

② 92×96＝＿＿＿＿

③ 99×93＝＿＿＿＿

④ 11×247＝＿＿＿＿

⑤ 759×11＝＿＿＿＿

⑥ 97×99＝＿＿＿＿

⑦ 95×92＝＿＿＿＿

⑧ 671×11＝＿＿＿＿

⑨ 11×459＝＿＿＿＿

⑩ 93×98＝＿＿＿＿

⑪ 95×95＝＿＿＿＿

⑫ 11×207＝＿＿＿＿

⑬ 894×11＝＿＿＿＿

⑭ 91×92＝＿＿＿＿

⑮ 98×95＝＿＿＿＿

⑯ 186×11＝＿＿＿＿

⑰ 11×473＝＿＿＿＿

⑱ 92×99＝＿＿＿＿

⑲ 94×91＝＿＿＿＿

⑳ 11×366＝＿＿＿＿

㉑ 706×11＝＿＿＿＿

㉒ 93×95＝＿＿＿＿

㉓ 98×97＝＿＿＿＿

㉔ 11×268＝＿＿＿＿

3 「インド式かけ算」の〈スキル⑨〉と〈スキル⑩〉で、次のかけ算の答えを求めましょう。　▶答えは158ページ

① 149×11＝_____　　② 91×95＝_____

③ 98×92＝_____　　④ 446×11＝_____

⑤ 11×604＝_____　　⑥ 94×95＝_____

⑦ 99×91＝_____　　⑧ 11×887＝_____

⑨ 211×11＝_____　　⑩ 94×98＝_____

⑪ 97×93＝_____　　⑫ 555×11＝_____

⑬ 11×319＝_____　　⑭ 99×98＝_____

⑮ 97×91＝_____　　⑯ 11×586＝_____

⑰ 431×11＝_____　　⑱ 95×97＝_____

⑲ 98×96＝_____　　⑳ 729×11＝_____

㉑ 11×228＝_____　　㉒ 91×98＝_____

㉓ 96×96＝_____　　㉔ 11×503＝_____

インド式 かけ算〈スキル⑪〉・〈スキル⑫〉
「計算力」どこまでついたかな？

次は「インド式かけ算」の〈スキル⑪〉と〈スキル⑫〉。
88、89ページ、98～101ページを読みかえしてから、挑戦してみましょう。

〈スキル⑪〉は、〈スキル⑩〉と計算のやり方はほぼ同じです。ただ、100に近い3ケタの数どうしのかけ算は、 ステップ❶ で「それぞれの数が100よりいくつ大きいか」を考えます。

〈スキル⑫〉のかけ算は、 ステップ❶ で「それぞれの数が、基準にする数の50や30や60より、いくつ大きいか、小さいか」を考えます。

1 「インド式かけ算」の〈スキル⑪〉と〈スキル⑫〉で、次のかけ算の答えを求めましょう。

▶答えは158ページ

① 106×108＝_____

② 51×56＝_____

③ 27×24＝_____

④ 109×102＝_____

⑤ 104×105＝_____

⑥ 64×67＝_____

⑦ 48×45＝_____

⑧ 104×101＝_____

6章 インド式かんたん「まとめテスト」

2 「インド式かけ算」の〈スキル⑪〉と〈スキル⑫〉で、次のかけ算の答えを求めましょう。
▶答えは158ページ

① 103×105=＿＿＿＿

② 26×25=＿＿＿＿

③ 63×66=＿＿＿＿

④ 106×102=＿＿＿＿

⑤ 107×108=＿＿＿＿

⑥ 52×56=＿＿＿＿

⑦ 29×27=＿＿＿＿

⑧ 109×101=＿＿＿＿

⑨ 102×102=＿＿＿＿

⑩ 58×56=＿＿＿＿

⑪ 47×43=＿＿＿＿

⑫ 109×104=＿＿＿＿

⑬ 105×108=＿＿＿＿

⑭ 33×34=＿＿＿＿

⑮ 61×62=＿＿＿＿

⑯ 106×101=＿＿＿＿

⑰ 102×105=＿＿＿＿

⑱ 53×56=＿＿＿＿

⑲ 32×35=＿＿＿＿

⑳ 104×103=＿＿＿＿

㉑ 101×105=＿＿＿＿

㉒ 63×65=＿＿＿＿

㉓ 49×43=＿＿＿＿

㉔ 104×102=＿＿＿＿

3 「インド式かけ算」の〈スキル⑪〉と〈スキル⑫〉で、次のかけ算の答えを求めましょう。　　　▶答えは158ページ

① 101×102＝_____

② 31×32＝_____

③ 62×65＝_____

④ 109×105＝_____

⑤ 103×108＝_____

⑥ 47×45＝_____

⑦ 28×27＝_____

⑧ 106×106＝_____

⑨ 101×108＝_____

⑩ 59×57＝_____

⑪ 52×54＝_____

⑫ 106×105＝_____

⑬ 104×107＝_____

⑭ 32×36＝_____

⑮ 61×65＝_____

⑯ 106×103＝_____

⑰ 102×108＝_____

⑱ 49×46＝_____

⑲ 29×23＝_____

⑳ 105×105＝_____

㉑ 108×109＝_____

㉒ 58×53＝_____

㉓ 53×54＝_____

㉔ 106×104＝_____

インド式 かけ算 〈スキル⑬〉・〈スキル⑭〉
「計算力」どこまでついたかな？

次は「インド式かけ算」の〈スキル⑬〉と〈スキル⑭〉。
106～109ページ、114～117ページを読みかえしてから、挑戦してみましょう。

〈スキル⑬〉は、一の位が「5」である数の2乗の計算です。

〈スキル⑭〉は、百の位の数と十の位の数がそれぞれ等しく、一の位の数の和が10であるかけ算です。

どちらも3つのステップを使って計算します。十の位が1の2ケタの数どうしのかけ算が出てきます。〈スキル③〉を思い出しながら計算すると、かんたんに解けますよ。

1 「インド式かけ算」の〈スキル⑬〉と〈スキル⑭〉で、次のかけ算の答えを求めましょう。

▶答えは159ページ

① $65^2 =$ _____　　② $123 \times 127 =$ _____

③ $159 \times 151 =$ _____　　④ $145^2 =$ _____

⑤ $182 \times 188 =$ _____　　⑥ $166 \times 164 =$ _____

⑦ $25^2 =$ _____　　⑧ $111 \times 119 =$ _____

2 「インド式かけ算」の〈スキル⑬〉と〈スキル⑭〉で、次のかけ算の答えを求めましょう。　▶答えは159ページ

① $138 \times 132 =$ _____

② $105^2 =$ _____

③ $174 \times 176 =$ _____

④ $147 \times 143 =$ _____

⑤ $175^2 =$ _____

⑥ $191 \times 199 =$ _____

⑦ $136 \times 134 =$ _____

⑧ $55^2 =$ _____

⑨ $172 \times 178 =$ _____

⑩ $117 \times 113 =$ _____

⑪ $135^2 =$ _____

⑫ $154 \times 156 =$ _____

⑬ $189 \times 181 =$ _____

⑭ $185^2 =$ _____

⑮ $122 \times 128 =$ _____

⑯ $197 \times 193 =$ _____

⑰ $95^2 =$ _____

⑱ $144 \times 146 =$ _____

⑲ $161 \times 169 =$ _____

⑳ $115^2 =$ _____

㉑ $198 \times 192 =$ _____

㉒ $133 \times 137 =$ _____

㉓ $45^2 =$ _____

㉔ $179 \times 171 =$ _____

3 「インド式かけ算」の〈スキル⑬〉と〈スキル⑭〉で、次のかけ算の答えを求めましょう。　▶答えは159ページ

① $184 \times 186 =$ _____

② $15^2 =$ _____

③ $158 \times 152 =$ _____

④ $163 \times 167 =$ _____

⑤ $165^2 =$ _____

⑥ $149 \times 141 =$ _____

⑦ $112 \times 118 =$ _____

⑧ $75^2 =$ _____

⑨ $196 \times 194 =$ _____

⑩ $153 \times 157 =$ _____

⑪ $125^2 =$ _____

⑫ $129 \times 121 =$ _____

⑬ $162 \times 168 =$ _____

⑭ $85^2 =$ _____

⑮ $116 \times 114 =$ _____

⑯ $131 \times 139 =$ _____

⑰ $155^2 =$ _____

⑱ $187 \times 183 =$ _____

⑲ $124 \times 126 =$ _____

⑳ $35^2 =$ _____

㉑ $142 \times 148 =$ _____

㉒ $177 \times 173 =$ _____

㉓ $195^2 =$ _____

㉔ $104 \times 106 =$ _____

インド式かんたん計算法〈スキル①〉〜〈スキル⑭〉
「計算力」を最後にさらにUP！

最後は、「インド式たし算」「インド式ひき算」「インド式かけ算」の〈スキル①〉〜〈スキル⑭〉までをすべて混ぜた問題です。どのスキルを使って解くかを考えながら、計算してみましょう。これがスラスラできるようになれば、計算力は満点レベルです。

1 「インド式かんたん計算法」の〈スキル①〉〜〈スキル⑭〉で、次の計算の答えを求めましょう。

▶答えは 159 ページ

① 11×16＝＿＿＿＿

② 109×106＝＿＿＿＿

③ 72×99＝＿＿＿＿

④ 105^2＝＿＿＿＿

⑤ 426×11＝＿＿＿＿

⑥ 26＋47＝＿＿＿＿

⑦ 188×182＝＿＿＿＿

⑧ 48×42＝＿＿＿＿

⑨ 29×11＝＿＿＿＿

⑩ 53×55＝＿＿＿＿

⑪ 71－67＝＿＿＿＿

⑫ 93×94＝＿＿＿＿

2 「インド式かんたん計算法」の〈スキル①〉～〈スキル⑭〉で、次の計算の答えを求めましょう。 ▶答えは159ページ

① $15 \times 95 =$ _____　　② $896 \times 999 =$ _____

③ $27 + 59 =$ _____　　④ $102 \times 103 =$ _____

⑤ $185^2 =$ _____　　⑥ $85 \times 11 =$ _____

⑦ $18 \times 12 =$ _____　　⑧ $134 \times 136 =$ _____

⑨ $77 \times 37 =$ _____　　⑩ $11 \times 697 =$ _____

⑪ $63 - 28 =$ _____　　⑫ $48 \times 99 =$ _____

⑬ $999 \times 735 =$ _____　　⑭ $91 \times 96 =$ _____

⑮ $31 \times 34 =$ _____　　⑯ $101 \times 101 =$ _____

⑰ $76 \times 74 =$ _____　　⑱ $193 \times 197 =$ _____

⑲ $62 \times 63 =$ _____　　⑳ $65^2 =$ _____

㉑ $94 - 56 =$ _____　　㉒ $81 \times 21 =$ _____

㉓ $11 \times 52 =$ _____　　㉔ $105 \times 107 =$ _____

3 「インド式かんたん計算法」の〈スキル①〉～〈スキル⑭〉で、次の計算の答えを求めましょう。

▶答えは159ページ

① $33 \times 37 =$ _____

② $25^2 =$ _____

③ $99 \times 95 =$ _____

④ $538 \times 999 =$ _____

⑤ $13 \times 15 =$ _____

⑥ $99 \times 87 =$ _____

⑦ $127 \times 123 =$ _____

⑧ $49 \times 48 =$ _____

⑨ $11 \times 238 =$ _____

⑩ $34 + 26 =$ _____

⑪ $97 \times 92 =$ _____

⑫ $28 \times 24 =$ _____

⑬ $44 \times 64 =$ _____

⑭ $145^2 =$ _____

⑮ $88 - 39 =$ _____

⑯ $91 \times 99 =$ _____

⑰ $763 \times 11 =$ _____

⑱ $151 \times 159 =$ _____

⑲ $17 \times 19 =$ _____

⑳ $15 + 78 =$ _____

㉑ $99 \times 26 =$ _____

㉒ $11 \times 63 =$ _____

㉓ $108 \times 104 =$ _____

㉔ $999 \times 306 =$ _____

6章 インド式かんたん「まとめテスト」

解答

1章、2章の解答

〈スキル①〉の解答

16ページ　※キリのよい数、補数の順に

① 90、3　② 100、1　③ 80、4　④ 60、4　⑤ 20、2　⑥ 50、1
⑦ 30、1　⑧ 70、2　⑨ 40、3　⑩ 20、4　⑪ 100、2　⑫ 60、3

17ページ　※キリのよい数、補数の順に

① 60、2　② 20、1　③ 70、3　④ 90、2　⑤ 30、4　⑥ 100、4
⑦ 40、1　⑧ 80、3　⑨ 50、4　⑩ 80、2　⑪ 30、3　⑫ 70、1

18ページ　※キリのよい数、補数、Ⓐ、答えの順に

① 20、1、37、36　② 40、3、66、63　③ 60、4、95、91
④ 30、2、77、75　⑤ 50、1、81、80

19ページ　※答え、補数の順に

① 42、2　② 97、1　③ 54、3　④ 33、1　⑤ 62、4
⑥ 54、1　⑦ 70、2　⑧ 82、3　⑨ 61、2　⑩ 68、1
⑪ 50、4　⑫ 83、2

20ページ　① 92　② 46　③ 50　④ 95　⑤ 81　⑥ 94　⑦ 91
⑧ 72　⑨ 85　⑩ 60　⑪ 84　⑫ 67　⑬ 90　⑭ 83　⑮ 71　⑯ 72
⑰ 46　⑱ 83　⑲ 93　⑳ 52　㉑ 51　㉒ 81　㉓ 64　㉔ 90

21ページ　① 90　② 52　③ 81　④ 95　⑤ 81　⑥ 70　⑦ 84
⑧ 85　⑨ 73　⑩ 30　⑪ 91　⑫ 78　⑬ 60　⑭ 92　⑮ 92　⑯ 72
⑰ 56　⑱ 64　⑲ 54　⑳ 61　㉑ 43　㉒ 70　㉓ 92　㉔ 86

〈スキル②〉の解答

26ページ　※キリのよい数、補数、Ⓐ、答えの順に

① 50、2、32、34　② 50、4、45、49　③ 80、1、18、19
④ 60、3、21、24　⑤ 90、2、7、9

27ページ　※キリのよい数、補数、Ⓐ、答えの順に

① 30、1、31、32　② 40、4、13、17　③ 20、2、46、48

④ 70、1、4、5　　⑤ 60、3、23、26

28ページ　※答え、補数の順に

① 8、1　　② 17、2　　③ 35、3　　④ 68、4　　⑤ 13、2
⑥ 7、1　　⑦ 35、4　　⑧ 19、3　　⑨ 4、1　　⑩ 36、4
⑪ 16、1　　⑫ 45、2

29ページ　※答え、補数の順に

① 46、3　　② 59、2　　③ 13、1　　④ 27、4　　⑤ 9、1
⑥ 48、3　　⑦ 14、2　　⑧ 42、1　　⑨ 29、4　　⑩ 37、3
⑪ 28、2　　⑫ 14、1

30ページ　① 34　② 18　③ 4　④ 38　⑤ 4　⑥ 18　⑦ 28
⑧ 47　⑨ 3　⑩ 16　⑪ 29　⑫ 15　⑬ 7　⑭ 36　⑮ 19　⑯ 16
⑰ 19　⑱ 27　⑲ 7　⑳ 23　㉑ 5　㉒ 9　㉓ 55　㉔ 32

31ページ　① 24　② 36　③ 17　④ 9　⑤ 38　⑥ 18　⑦ 14
⑧ 7　⑨ 26　⑩ 34　⑪ 7　⑫ 29　⑬ 9　⑭ 5　⑮ 36　⑯ 13
⑰ 9　⑱ 36　⑲ 12　⑳ 15　㉑ 5　㉒ 5　㉓ 8　㉔ 28

3章の解答

〈スキル③〉の解答

38ページ　① ㋐ 24　㋑ 48　㋒ 288
② ㋐ 19　㋑ 08　㋒ 198　　③ ㋐ 18　㋑ 15　㋒ 195
④ ㋐ 18　㋑ 07　㋒ 187　　⑤ ㋐ 20　㋑ 24　㋒ 224

39ページ　① ㋐ 22　㋑ 27　㋒ 247
② ㋐ 15　㋑ 06　㋒ 156　　③ ㋐ 21　㋑ 28　㋒ 238
④ ㋐ 20　㋑ 16　㋒ 216　　⑤ ㋐ 24　㋑ 45　㋒ 285

40ページ　① 208　② 228　③ 342　④ 132　⑤ 289　⑥ 240
⑦ 270　⑧ 154　⑨ 182　⑩ 361　⑪ 165　⑫ 221　⑬ 255
⑭ 209　⑮ 196　⑯ 192　⑰ 234　⑱ 216　⑲ 304　⑳ 121
㉑ 204　㉒ 176　㉓ 266　㉔ 306

41ページ ① 144 ② 323 ③ 272 ④ 143 ⑤ 182 ⑥ 225 ⑦ 252 ⑧ 210 ⑨ 192 ⑩ 209 ⑪ 169 ⑫ 168 ⑬ 228 ⑭ 306 ⑮ 195 ⑯ 247 ⑰ 176 ⑱ 234 ⑲ 165 ⑳ 256 ㉑ 304 ㉒ 255 ㉓ 198 ㉔ 224

〈スキル④〉の解答

44ページ
① ㋐ 42 ㋑ 16 ㋒ 4216　② ㋐ 72 ㋑ 21 ㋒ 7221
③ ㋐ 30 ㋑ 09 ㋒ 3009　④ ㋐ 90 ㋑ 24 ㋒ 9024
⑤ ㋐ 12 ㋑ 25 ㋒ 1225　⑥ ㋐ 6 ㋑ 16 ㋒ 616
⑦ ㋐ 20 ㋑ 24 ㋒ 2024　⑧ ㋐ 56 ㋑ 21 ㋒ 5621
⑨ ㋐ 42 ㋑ 09 ㋒ 4209　⑩ ㋐ 30 ㋑ 25 ㋒ 3025

45ページ
① ㋐ 12 ㋑ 21 ㋒ 1221　② ㋐ 90 ㋑ 09 ㋒ 9009
③ ㋐ 30 ㋑ 16 ㋒ 3016　④ ㋐ 56 ㋑ 24 ㋒ 5624
⑤ ㋐ 20 ㋑ 25 ㋒ 2025　⑥ ㋐ 42 ㋑ 24 ㋒ 4224
⑦ ㋐ 72 ㋑ 09 ㋒ 7209　⑧ ㋐ 6 ㋑ 21 ㋒ 621
⑨ ㋐ 20 ㋑ 16 ㋒ 2016　⑩ ㋐ 90 ㋑ 25 ㋒ 9025

46ページ ① 1225 ② 2009 ③ 7216 ④ 4221 ⑤ 625 ⑥ 5616 ⑦ 9025 ⑧ 1209 ⑨ 3024 ⑩ 9016 ⑪ 624 ⑫ 3021 ⑬ 5609 ⑭ 4225 ⑮ 609 ⑯ 7224 ⑰ 1216 ⑱ 2025 ⑲ 9024 ⑳ 5621 ㉑ 3009 ㉒ 4216 ㉓ 2024 ㉔ 7221

47ページ ① 1221 ② 3016 ③ 9009 ④ 4224 ⑤ 7225 ⑥ 2016 ⑦ 621 ⑧ 7224 ⑨ 7209 ⑩ 3024 ⑪ 2021 ⑫ 4209 ⑬ 1216 ⑭ 5625 ⑮ 9021 ⑯ 616 ⑰ 5624 ⑱ 3025 ⑲ 9016 ⑳ 1224 ㉑ 2009 ㉒ 4221 ㉓ 5616 ㉔ 624

〈スキル⑤〉の解答

50ページ
① ㋐ 21 ㋑ 25 ㋒ 2125　② ㋐ 23 ㋑ 04 ㋒ 2304

③ ㋐31 ㋑49 ㋒3149　④ ㋐27 ㋑36 ㋒2736
⑤ ㋐28 ㋑16 ㋒2816　⑥ ㋐33 ㋑64 ㋒3364
⑦ ㋐12 ㋑09 ㋒1209　⑧ ㋐18 ㋑81 ㋒1881
⑨ ㋐17 ㋑01 ㋒1701　⑩ ㋐28 ㋑09 ㋒2809

51ページ
① ㋐29 ㋑25 ㋒2925　② ㋐11 ㋑04 ㋒1104
③ ㋐25 ㋑16 ㋒2516　④ ㋐28 ㋑49 ㋒2849
⑤ ㋐22 ㋑36 ㋒2236　⑥ ㋐32 ㋑64 ㋒3264
⑦ ㋐26 ㋑01 ㋒2601　⑧ ㋐33 ㋑81 ㋒3381
⑨ ㋐14 ㋑25 ㋒1425　⑩ ㋐18 ㋑04 ㋒1804

52ページ　① 2201　② 3481　③ 1316　④ 2604　⑤ 2625
⑥ 2349　⑦ 1536　⑧ 2709　⑨ 2464　⑩ 2704　⑪ 3036　⑫ 1649
⑬ 2409　⑭ 2125　⑮ 2501　⑯ 2964　⑰ 1881　⑱ 2016　⑲ 3081
⑳ 3025　㉑ 1909　㉒ 1764　㉓ 1104　㉔ 2816

53ページ　① 3381　② 1701　③ 1209　④ 3264　⑤ 2849
⑥ 2916　⑦ 2236　⑧ 1425　⑨ 2304　⑩ 1804　⑪ 3149　⑫ 2809
⑬ 3364　⑭ 3136　⑮ 2925　⑯ 3081　⑰ 1001　⑱ 2016　⑲ 3249
⑳ 2736　㉑ 2581　㉒ 2516　㉓ 2601　㉔ 2464

〈スキル⑥〉の解答

56ページ
① ㋐44 ㋑55 ㋒4455　② ㋐86 ㋑13 ㋒8613
③ ㋐50 ㋑49 ㋒5049　④ ㋐21 ㋑78 ㋒2178
⑤ ㋐68 ㋑31 ㋒6831　⑥ ㋐15 ㋑84 ㋒1584
⑦ ㋐37 ㋑62 ㋒3762　⑧ ㋐93 ㋑06 ㋒9306
⑨ ㋐72 ㋑27 ㋒7227　⑩ ㋐59 ㋑40 ㋒5940

57ページ
① ㋐61 ㋑38 ㋒6138　② ㋐36 ㋑63 ㋒3663
③ ㋐80 ㋑19 ㋒8019　④ ㋐24 ㋑75 ㋒2475

⑤ ㋐95 ㋑04 ㋒9504　⑥ ㋐29 ㋑70 ㋒2970
⑦ ㋐12 ㋑87 ㋒1287　⑧ ㋐53 ㋑46 ㋒5346
⑨ ㋐77 ㋑22 ㋒7722　⑩ ㋐48 ㋑51 ㋒4851

58ページ　① 6336　② 9405　③ 2079　④ 7920　⑤ 5544
⑥ 7128　⑦ 1683　⑧ 3267　⑨ 8811　⑩ 4752　⑪ 1980　⑫ 7425
⑬ 5841　⑭ 1386　⑮ 6633　⑯ 3069　⑰ 9009　⑱ 2772　⑲ 3564
⑳ 4158　㉑ 2871　㉒ 7326　㉓ 6534　㉔ 4950

59ページ　① 4059　② 9108　③ 2574　④ 6930　⑤ 1881
⑥ 5742　⑦ 6237　⑧ 7623　⑨ 8415　⑩ 3366　⑪ 1485　⑫ 9603
⑬ 2277　⑭ 6732　⑮ 4356　⑯ 8514　⑰ 3861　⑱ 7029　⑲ 8910
⑳ 5148　㉑ 1089　㉒ 9207　㉓ 8712　㉔ 3465

〈スキル⑦〉の解答

62ページ
① ㋐821 ㋑178 ㋒821178　② ㋐312 ㋑687 ㋒312687
③ ㋐963 ㋑036 ㋒963036　④ ㋐405 ㋑594 ㋒405594
⑤ ㋐578 ㋑421 ㋒578421　⑥ ㋐797 ㋑202 ㋒797202
⑦ ㋐180 ㋑819 ㋒180819　⑧ ㋐656 ㋑343 ㋒656343
⑨ ㋐434 ㋑565 ㋒434565　⑩ ㋐242 ㋑757 ㋒242757

63ページ
① ㋐614 ㋑385 ㋒614385　② ㋐278 ㋑721 ㋒278721
③ ㋐993 ㋑006 ㋒993006　④ ㋐107 ㋑892 ㋒107892
⑤ ㋐326 ㋑673 ㋒326673　⑥ ㋐530 ㋑469 ㋒530469
⑦ ㋐841 ㋑158 ㋒841158　⑧ ㋐465 ㋑534 ㋒465534
⑨ ㋐683 ㋑316 ㋒683316　⑩ ㋐768 ㋑231 ㋒768231

64ページ　① 472527　② 864135　③ 127872　④ 648351
⑤ 303696　⑥ 915084　⑦ 290709　⑧ 556443　⑨ 781218
⑩ 334665　⑪ 150849　⑫ 806193　⑬ 448551　⑭ 661338
⑮ 987012　⑯ 392607　⑰ 513486　⑱ 875124　⑲ 732267

⑳ 227772　㉑ 540459　㉒ 895104　㉓ 704295　㉔ 488511
65ページ　① 693306　② 216783　③ 838161　④ 525474
⑤ 942057　⑥ 161838　⑦ 450549　⑧ 607392　⑨ 384615
⑩ 771228　⑪ 266733　⑫ 428571　⑬ 195804　⑭ 503496
⑮ 930069　⑯ 674325　⑰ 357642　⑱ 742257　⑲ 811188
⑳ 583416　㉑ 116883　㉒ 950049　㉓ 237762　㉔ 364635

4章の解答

〈スキル⑧〉の解答

72ページ　※上から順に

① 5 □ 2、7、572　　② 8 □ 1、9、891　　③ 2 □ 6、8、286
④ 6 □ 3、9、693　　⑤ 4 □ 5、9、495　　⑥ 8 □ 5、13、935
⑦ 5 □ 6、11、616　⑧ 2 □ 8、10、308　⑨ 5 □ 9、14、649
⑩ 7 □ 4、11、814

73ページ　※上から順に

① 3 □ 9、12、429　② 2 □ 3、5、253　　③ 1 □ 8、9、198
④ 6 □ 2、8、682　　⑤ 7 □ 8、15、858　⑥ 8 □ 4、12、924
⑦ 4 □ 6、10、506　⑧ 1 □ 4、5、154　　⑨ 2 □ 9、11、319
⑩ 7 □ 7、14、847

74ページ　① 759　② 946　③ 605　④ 341　⑤ 1034　⑥ 517
⑦ 792　⑧ 242　⑨ 143　⑩ 748　⑪ 484　⑫ 825　⑬ 561
⑭ 957　⑮ 209　⑯ 396　⑰ 869　⑱ 528　⑲ 176　⑳ 352
㉑ 704　㉒ 275　㉓ 627　㉔ 913

75ページ　① 781　② 737　③ 319　④ 165　⑤ 594　⑥ 902
⑦ 418　⑧ 473　⑨ 836　⑩ 231　⑪ 924　⑫ 451　⑬ 132
⑭ 726　⑮ 385　⑯ 638　⑰ 979　⑱ 297　⑲ 803　⑳ 671
㉑ 583　㉒ 407　㉓ 506　㉔ 968

〈スキル⑨〉の解答

78ページ ※上から順に

① 5 □□ 1、8、4、5841　② 4 □□ 2、5、3、4532
③ 6 □□ 3、11、8、7183　④ 8 □□ 2、15、9、9592
⑤ 3 □□ 9、7、13、3839　⑥ 2 □□ 7、7、12、2827
⑦ 7 □□ 8、13、14、8448　⑧ 4 □□ 1、13、10、5401

79ページ ※上から順に

① 1 □□ 1、3、3、1331　② 6 □□ 2、10、6、7062
③ 4 □□ 1、12、9、5291　④ 5 □□ 2、14、11、6512
⑤ 2 □□ 6、9、13、3036　⑥ 7 □□ 5、15、13、8635
⑦ 3 □□ 1、10、8、4081　⑧ 8 □□ 2、8、2、8822

80ページ　① 2981　② 1155　③ 5896　④ 8096　⑤ 9339
⑥ 5082　⑦ 6732　⑧ 4378　⑨ 9449　⑩ 8162　⑪ 6534　⑫ 2992
⑬ 7315　⑭ 2167　⑮ 3146　⑯ 4125　⑰ 5643　⑱ 9636　⑲ 4653
⑳ 8778　㉑ 5313　㉒ 1188　㉓ 3641　㉔ 7634

81ページ　① 8514　② 3564　③ 6039　④ 9515　⑤ 2849
⑥ 1782　⑦ 5335　⑧ 6908　⑨ 7832　⑩ 6215　⑪ 9119　⑫ 4587
⑬ 4191　⑭ 1936　⑮ 7524　⑯ 2794　⑰ 5852　⑱ 8107　⑲ 4433
⑳ 8954　㉑ 3938　㉒ 1518　㉓ 2585　㉔ 6941

〈スキル⑩〉の解答

84ページ ※上から順に

① ⑦2 ④1 ⑨2 ㊁97、9702　② ⑦5 ④2 ⑨10 ㊁93、9310
③ ⑦3 ④7 ⑨21 ㊁90、9021　④ ⑦6 ④9 ⑨54 ㊁85、8554
⑤ ⑦8 ④5 ⑨40 ㊁87、8740　⑥ ⑦7 ④49 ⑨86、8649

85ページ ※上から順に

① ⑦1 ④8 ⑨8 ㊁91、9108　② ⑦9 ④7 ⑨63 ㊁84、8463
③ ⑦7 ④5 ⑨35 ㊁88、8835　④ ⑦4 ④1 ⑨4 ㊁95、9504
⑤ ⑦5 ④6 ⑨30 ㊁89、8930　⑥ ⑦3 ④9 ⑨94、9409

86ページ ①8832 ②9215 ③9207 ④8645 ⑤9604
⑥8827 ⑦9306 ⑧8928 ⑨8648 ⑩9025 ⑪9016 ⑫9312
⑬9009 ⑭8736 ⑮8836 ⑯9114 ⑰8556 ⑱9603 ⑲9216
⑳9212 ㉑8372 ㉒9405 ㉓9118 ㉔8742

87ページ ①8281 ②9408 ③8924 ④9120 ⑤9108
⑥9021 ⑦8930 ⑧9702 ⑨8554 ⑩8463 ⑪8464 ⑫8835
⑬9310 ⑭9504 ⑮9118 ⑯9306 ⑰8918 ⑱8556 ⑲9603
⑳8736 ㉑8928 ㉒9506 ㉓9801 ㉔8645

〈スキル⑪〉の解答

90ページ ※上から順に
① ㋐1 ㋑8 ㋒08 ㋓109、10908　② ㋐4 ㋑2 ㋒08 ㋓106、10608
③ ㋐3 ㋑6 ㋒18 ㋓109、10918　④ ㋐5 ㋑4 ㋒20 ㋓109、10920
⑤ ㋐8 ㋑5 ㋒40 ㋓113、11340　⑥ ㋐7 ㋑49 ㋒114、11449

91ページ ※上から順に
① ㋐6 ㋑8 ㋒48 ㋓114、11448　② ㋐9 ㋑1 ㋒09 ㋓110、11009
③ ㋐2 ㋑3 ㋒06 ㋓105、10506　④ ㋐5 ㋑9 ㋒45 ㋓114、11445
⑤ ㋐2 ㋑7 ㋒14 ㋓109、10914　⑥ ㋐3 ㋑09 ㋒106、10609

92ページ
①10504 ②11772 ③10807 ④11025 ⑤11554 ⑥11016
⑦11021 ⑧10712 ⑨10812 ⑩11128 ⑪11556 ⑫10506
⑬11130 ⑭10706 ⑮10605 ⑯11232 ⑰11881 ⑱10403
⑲11342 ⑳10201 ㉑11024 ㉒11663 ㉓10815 ㉔11124

93ページ
①10816 ②11235 ③11227 ④10404 ⑤10710 ⑥11009
⑦11664 ⑧11024 ⑨11021 ⑩10605 ⑪10302 ⑫10914
⑬10918 ⑭11336 ⑮10506 ⑯11340 ⑰11448 ⑱10608
⑲10908 ⑳10920 ㉑11236 ㉒11118 ㉓10815 ㉔10504

5章の解答

〈スキル⑫〉の解答

102 ページ　※上から順に

① ㋐1　㋑5　㋒5　㋓44　㋔220、2205
② ㋐4　㋑2　㋒8　㋓56　㋔280、2808
③ ㋐3　㋑2　㋒6　㋓45　㋔225、2256
④ ㋐3　㋑6　㋒18　㋓59　㋔295、2968
⑤ ㋐2　㋑5　㋒10　㋓57　㋔285、2860
⑥ ㋐4　㋑5　㋒20　㋓41　㋔205、2070

103 ページ　※上から順に

① ㋐1　㋑2　㋒2　㋓27　㋔81、812
② ㋐2　㋑3　㋒6　㋓35　㋔105、1056
③ ㋐5　㋑3　㋒15　㋓22　㋔66、675
④ ㋐1　㋑4　㋒4　㋓65　㋔390、3904
⑤ ㋐3　㋑4　㋒12　㋓53　㋔318、3192
⑥ ㋐2　㋑7　㋒14　㋓69　㋔414、4154

104 ページ

① 2352　② 1054　③ 3248　④ 2068　⑤ 1120　⑥ 4095　⑦ 1978
⑧ 728　⑨ 4087　⑩ 2805　⑪ 672　⑫ 3304　⑬ 2112　⑭ 1056
⑮ 4092　⑯ 2162　⑰ 696　⑱ 3132　⑲ 2915　⑳ 624　㉑ 3782
㉒ 2970　㉓ 1155　㉔ 4288

105 ページ

① 2303　② 621　③ 3190　④ 2703　⑤ 1116　⑥ 4221　⑦ 1980
⑧ 754　⑨ 3968　⑩ 2107　⑪ 1184　⑫ 3186　⑬ 2912　⑭ 648
⑮ 4224　⑯ 3021　⑰ 1190　⑱ 3965　⑲ 2021　⑳ 1224　㉑ 3306
㉒ 2907　㉓ 1122　㉔ 4160

〈スキル⑬〉の解答

110 ページ　※上から順に

① 20、25、2025　② 30、25、3025　③ 72、25、7225
④ 12、25、1225　⑤ 156、25、15625　⑥ 110、25、11025
⑦ 272、25、27225　⑧ 132、25、13225

111 ページ　※上から順に

① 6、25、625　② 240、25、24025　③ 342、25、34225
④ 42、25、4225　⑤ 90、25、9025　⑥ 210、25、21025
⑦ 306、25、30625　⑧ 2、25、225

112 ページ

① 7225　② 15625　③ 27225　④ 225　⑤ 2025　⑥ 18225
⑦ 30625　⑧ 9025　⑨ 1225　⑩ 11025　⑪ 24025　⑫ 5625
⑬ 625　⑭ 13225　⑮ 21025　⑯ 3025

113 ページ

① 4225　② 34225　③ 13225　④ 625　⑤ 3025　⑥ 30625
⑦ 18225　⑧ 2025　⑨ 9025　⑩ 11025　⑪ 27225　⑫ 5625
⑬ 1225　⑭ 21025　⑮ 15625　⑯ 7225

〈スキル⑭〉の解答

118 ページ　※上から順に

① 156、21、15621　② 240、24、24024　③ 342、09、34209
④ 132、21、13221　⑤ 272、16、27216　⑥ 342、21、34221
⑦ 110、24、11024　⑧ 182、16、18216　⑨ 306、21、30621
⑩ 210、09、21009

119 ページ　※上から順に

① 110、16、11016　② 342、09、34209　③ 306、24、30624
④ 132、09、13209　⑤ 272、21、27221　⑥ 210、16、21016
⑦ 156、09、15609　⑧ 342、24、34224　⑨ 240、21、24021
⑩ 182、09、18209

120ページ ① 15616 ② 30624 ③ 30616 ④ 18221
⑤ 21024 ⑥ 24009 ⑦ 34216 ⑧ 11021 ⑨ 27209 ⑩ 13224
⑪ 11009 ⑫ 15624 ⑬ 30609 ⑭ 24016 ⑮ 21021 ⑯ 27224

121ページ ① 34221 ② 13216 ③ 30609 ④ 18224
⑤ 21009 ⑥ 24024 ⑦ 15621 ⑧ 11024 ⑨ 27216 ⑩ 27221
⑪ 13221 ⑫ 18225 ⑬ 21016 ⑭ 13209 ⑮ 34224 ⑯ 24021

6章の解答

〈スキル①〉・〈スキル②〉の解答

122ページ ※キリのよい数、補数の順に
① 90、1 ② 60、2 ③ 40、4 ④ 100、3 ⑤ 30、2 ⑥ 80、1
⑦ 50、3 ⑧ 70、4

123ページ ① 81 ② 15 ③ 27 ④ 83 ⑤ 92 ⑥ 39 ⑦ 27
⑧ 87 ⑨ 92 ⑩ 9 ⑪ 25 ⑫ 64 ⑬ 41 ⑭ 59 ⑮ 8 ⑯ 82
⑰ 80 ⑱ 37 ⑲ 49 ⑳ 90 ㉑ 61 ㉒ 68 ㉓ 15 ㉔ 75

124ページ ① 40 ② 4 ③ 16 ④ 62 ⑤ 75 ⑥ 18 ⑦ 67
⑧ 74 ⑨ 91 ⑩ 36 ⑪ 26 ⑫ 91 ⑬ 83 ⑭ 56 ⑮ 44 ⑯ 90
⑰ 51 ⑱ 19 ⑲ 78 ⑳ 30 ㉑ 76 ㉒ 15 ㉓ 4 ㉔ 80

〈スキル③〉・〈スキル④〉の解答

125ページ ① 270 ② 7216 ③ 1224 ④ 221 ⑤ 228
⑥ 4209 ⑦ 9025 ⑧ 154 ⑨ 323 ⑩ 5621 ⑪ 2016 ⑫ 204
⑬ 342 ⑭ 609

126ページ ① 272 ② 9021 ③ 624 ④ 252 ⑤ 247 ⑥ 5609
⑦ 3021 ⑧ 143 ⑨ 180 ⑩ 2025 ⑪ 4224 ⑫ 132 ⑬ 324
⑭ 7209 ⑮ 1216 ⑯ 255 ⑰ 192 ⑱ 9024 ⑲ 5625 ⑳ 196
㉑ 304 ㉒ 2009 ㉓ 1225 ㉔ 238

127ページ ① 156 ② 4225 ③ 3009 ④ 234 ⑤ 187 ⑥ 621

⑦ 5616　⑧ 288　⑨ 210　⑩ 7224　⑪ 625　⑫ 266　⑬ 208
⑭ 3024　⑮ 9016　⑯ 240　⑰ 121　⑱ 2021　⑲ 3025　⑳ 306
㉑ 285　㉒ 4216　㉓ 1209　㉔ 209

〈スキル⑤〉・〈スキル⑥〉の解答

128ページ　① 2604　② 6435　③ 3762　④ 2964　⑤ 1001
⑥ 4257　⑦ 8811　⑧ 3025　⑨ 1909　⑩ 7029　⑪ 1188
⑫ 2501　⑬ 3249　⑭ 3960

129ページ　① 9702　② 1316　③ 2409　④ 7425　⑤ 1782
⑥ 3264　⑦ 1804　⑧ 5247　⑨ 6039　⑩ 2625　⑪ 1764　⑫ 8118
⑬ 5643　⑭ 2581　⑮ 2916　⑯ 1386　⑰ 2871　⑱ 2464　⑲ 2201
⑳ 5940　㉑ 5742　㉒ 2709　㉓ 3136　㉔ 8316

130ページ　① 3564　② 2925　③ 3081　④ 9009　⑤ 5445
⑥ 1536　⑦ 2349　⑧ 4653　⑨ 8217　⑩ 2704　⑪ 2736　⑫ 2673
⑬ 7524　⑭ 2016　⑮ 2125　⑯ 2376　⑰ 7821　⑱ 1649　⑲ 3481
⑳ 4554　㉑ 3168　㉒ 3036　㉓ 1881　㉔ 8910

〈スキル⑦〉・〈スキル⑧〉の解答

131ページ　① 590409　② 264　③ 836　④ 201798
⑤ 886113　⑥ 418　⑦ 671　⑧ 343656

132ページ　① 546453　② 858　③ 583　④ 414585
⑤ 138861　⑥ 231　⑦ 726　⑧ 311688　⑨ 710289
⑩ 979　⑪ 385　⑫ 972027　⑬ 507492　⑭ 539
⑮ 451　⑯ 377622　⑰ 170829　⑱ 165　⑲ 902
⑳ 688311　㉑ 256743　㉒ 737　㉓ 363　㉔ 625374

133ページ　① 498501　② 462　③ 968　④ 851148
⑤ 634365　⑥ 638　⑦ 187　⑧ 823176　⑨ 144855
⑩ 781　⑪ 297　⑫ 752247　⑬ 460539　⑭ 935
⑮ 407　⑯ 285714　⑰ 903096　⑱ 473　⑲ 132

⑳ 567432　㉑ 792207　㉒ 594　㉓ 803　㉔ 925074

〈スキル⑨〉・〈スキル⑩〉の解答

134 ページ　① 3366　② 8556　③ 9118　④ 5797　⑤ 9185
⑥ 8649　⑦ 9504　⑧ 3278

135 ページ　① 1232　② 8832　③ 9207　④ 2717　⑤ 8349
⑥ 9603　⑦ 8740　⑧ 7381　⑨ 5049　⑩ 9114　⑪ 9025　⑫ 2277
⑬ 9834　⑭ 8372　⑮ 9310　⑯ 2046　⑰ 5203　⑱ 9108　⑲ 8554
⑳ 4026　㉑ 7766　㉒ 8835　㉓ 9506　㉔ 2948

136 ページ　① 1639　② 8645　③ 9016　④ 4906　⑤ 6644
⑥ 8930　⑦ 9009　⑧ 9757　⑨ 2321　⑩ 9212　⑪ 9021　⑫ 6105
⑬ 3509　⑭ 9702　⑮ 8827　⑯ 6446　⑰ 4741　⑱ 9215　⑲ 9408
⑳ 8019　㉑ 2508　㉒ 8918　㉓ 9216　㉔ 5533

〈スキル⑪〉・〈スキル⑫〉の解答

137 ページ　① 11448　② 2856　③ 648　④ 11118　⑤ 10920
⑥ 4288　⑦ 2160　⑧ 10504

138 ページ
① 10815　② 650　③ 4158　④ 10812　⑤ 11556　⑥ 2912
⑦ 783　⑧ 11009　⑨ 10404　⑩ 3248　⑪ 2021　⑫ 11336
⑬ 11340　⑭ 1122　⑮ 3782　⑯ 10706　⑰ 10710　⑱ 2968
⑲ 1120　⑳ 10712　㉑ 10605　㉒ 4095　㉓ 2107　㉔ 10608

139 ページ
① 10302　② 992　③ 4030　④ 11445　⑤ 11124　⑥ 2115
⑦ 756　⑧ 11236　⑨ 10908　⑩ 3363　⑪ 2808　⑫ 11130
⑬ 11128　⑭ 1152　⑮ 3965　⑯ 10918　⑰ 11016　⑱ 2254
⑲ 667　⑳ 11025　㉑ 11772　㉒ 3074　㉓ 2862　㉔ 11024

〈スキル⑬〉・〈スキル⑭〉の解答

140ページ
① 4225　② 15621　③ 24009　④ 21025
⑤ 34216　⑥ 27224　⑦ 625　⑧ 13209

141ページ
① 18216　② 11025　③ 30624　④ 21021　⑤ 30625　⑥ 38009
⑦ 18224　⑧ 3025　⑨ 30616　⑩ 13221　⑪ 18225　⑫ 24024
⑬ 34209　⑭ 34225　⑮ 15616　⑯ 38021　⑰ 9025　⑱ 21024
⑲ 27209　⑳ 13225　㉑ 38016　㉒ 18221　㉓ 2025　㉔ 30609

142ページ
① 34224　② 225　③ 24016　④ 27221　⑤ 27225　⑥ 21009
⑦ 13216　⑧ 5625　⑨ 38024　⑩ 24021　⑪ 15625　⑫ 15609
⑬ 27216　⑭ 7225　⑮ 13224　⑯ 18209　⑰ 24025　⑱ 34221
⑲ 15624　⑳ 1225　㉑ 21016　㉒ 30621　㉓ 38025　㉔ 11024

〈スキル①〉～〈スキル⑭〉の解答

143ページ
① 176　② 11554　③ 7128　④ 11025　⑤ 4686　⑥ 73
⑦ 34216　⑧ 2016　⑨ 319　⑩ 2915　⑪ 4　⑫ 8742

144ページ
① 1425　② 895104　③ 86　④ 10506　⑤ 34225　⑥ 935
⑦ 216　⑧ 18224　⑨ 2849　⑩ 7667　⑪ 35　⑫ 4752
⑬ 734265　⑭ 8736　⑮ 1054　⑯ 10201　⑰ 5624　⑱ 38021
⑲ 3906　⑳ 4225　㉑ 38　㉒ 1701　㉓ 572　㉔ 11235

145ページ
① 1221　② 625　③ 9405　④ 537462　⑤ 195　⑥ 8613
⑦ 15621　⑧ 2352　⑨ 2618　⑩ 60　⑪ 8924　⑫ 672
⑬ 2816　⑭ 21025　⑮ 49　⑯ 9009　⑰ 8393　⑱ 24009
⑲ 323　⑳ 93　㉑ 2574　㉒ 693　㉓ 11232　㉔ 305694

決定版！ インド式かんたん計算法
けっていばん　　　しき　　　　　　けいさんほう

著　者────水野　純（みずの・じゅん）
発行者────押鐘太陽
発行所────株式会社三笠書房
　　　　　〒102-0072 東京都千代田区飯田橋3-3-1
　　　　　電話：(03)5226-5734（営業部）
　　　　　　：(03)5226-5731（編集部）
　　　　　https://www.mikasashobo.co.jp

印　刷────誠宏印刷
製　本────若林製本工場

ISBN978-4-8379-4008-1 C0037
Ⓒ Jun Mizuno, Printed in Japan

＊本書のコピー、スキャン、デジタル化等の無断複製は著作権法上での例外を除き禁じられています。本書を代行業者等の第三者に依頼してスキャンやデジタル化することは、たとえ個人や家庭内での利用であっても著作権法上認められておりません。
＊落丁・乱丁本は当社営業部宛にお送りください。お取替えいたします。
＊定価・発行日はカバーに表示してあります。